国家科学技术学术著作出版基金资助出版

大连市人民政府资助出版

生物塑化技术

隋鸿锦 等/编著

科学出版社

北 京

内 容 简 介

本书是国内首部系统讲述生物塑化技术的专著。全书系统地介绍生物塑化技术在国内外的发展历史，以及开展生物塑化技术所涉及的相关化学和设备知识。并且，作者结合自己多年从事生物塑化技术工作的实际经验和科研新成果讲述生物塑化技术各种相关操作的细节与注意事项。书中的很多技术细节均是首次披露，对于开展生物塑化技术相关工作具有重要指导意义。

本书适合人体及动物解剖学、病理学工作者，标本制作工作者及爱好者阅读。

图书在版编目（CIP）数据

生物塑化技术 / 隋鸿锦等编著. —北京：科学出版社，2022.4
ISBN 978-7-03-069380-8

Ⅰ．①生…　Ⅱ．①隋…　Ⅲ．①生物工程-塑化-研究　Ⅳ．①Q81

中国版本图书馆 CIP 数据核字（2021）第 140851 号

责任编辑：朱萍萍　高　微 / 责任校对：韩　杨
责任印制：李　彤 / 封面设计：有道文化

科学出版社 出版
北京东黄城根北街 16 号
邮政编码：100717
http://www.sciencep.com
北京虎彩文化传播有限公司 印刷
科学出版社发行　各地新华书店经销

*

2022 年 4 月第 一 版　开本：720×1000　1/16
2023 年 1 月第二次印刷　印张：13 1/2　插页：4
字数：206 000

定价：98.00 元

（如有印装质量问题，我社负责调换）

谨以此书献给一直默默支持我发展塑化事业的夫人王淑岩教授！

本书编委会

主　任：隋鸿锦

副主任：李慧有　孟庆伟　于胜波

编　委（以姓名拼音为序）：

韩　建　刘　虎　孙诗竹　唐　炜

唐晓飞　王　喆　张健飞　郑　楠

郑长良　朱航宇

序　言

"不经一番寒彻骨，怎得梅花扑鼻香。"由隋鸿锦教授 1995 年率先引进的生物塑化技术已历经 20 多年的风雨坎坷、历练沉淀和创新提升。作为一门新兴技术，生物塑化技术在解剖学、胚胎学、生物学、病理学、临床影像学、生物力学、法医学和考古学等多个学科和领域得到广泛应用。我国在生物标本（尤其是人体和动物标本）的制作、保存和展示上已经走在世界的前沿，居于无可替代的地位。

"看似寻常最奇崛，成如容易却艰辛。"数千年来，无论是出于宗教、科学或是其他目的，人们一直在为使生物标本得以长期保存而努力。生物塑化技术的出现，解决了困扰业界的历史难题，在制作、保存和展示过程中摆脱了有害化学试剂对人体和环境的危害；柔软干燥、逼真无味、经久耐用的生物标本，为生物学教学、科研和科普带来了全新的理念与手段。"敢为常语谈何易，百炼工纯始自然。"在引进技术的基础上，隋鸿锦教授及其团队在包埋设备、包埋材料和包埋方式等方面进行了改革和创新，提高了质量、简化了设备、缩短了时间、节约了材料。例如，他们采用获得国家发明专利的 P45 断层塑化标本制作技术制作的标本可以在透明状态下观察标本大范围的细微结构，填补了显微解剖与大体解剖之间研究方法的空白，为人体解剖学和组织学研究搭建了桥梁。

作为解剖学教师，隋鸿锦教授在"灵心胜造物，妙手夺天工"的同时，不忘医学教育工作者的重任。为培养医学人才和普及生命科学知识，他编写了《人体解剖学彩色图谱》、"生命奥秘丛书"等优秀著作，在多地创办了生命奥秘博物馆。而今，隋鸿锦教授等又结合多年的工作经验和心血，编写了这本面向解剖及其相关学科领域工作者的《生物塑化技术》，以实现"教，上所施"，而能为下所效。"玉经磨琢多成器，剑拔沉埋更倚天。"经过多年的努力和付出，依托先进的生物塑化技术，他主编的"生命奥秘丛书"获得中国科普领域的最高奖——国家科学技术进步奖二等奖（2018年度）。

"芳林新叶催陈叶""雏凤清于老凤声"。以隋鸿锦教授为代表的这一代解剖人，是中国解剖学的继承者和弘扬者。"江山代有才人出"，新思路、新方法、新材料和新技术的应用，将使如"枯藤老树昏鸦""古道西风瘦马"的人体解剖学这门古老学科，在"山重水复疑无路"中走出一条有中国特色的解剖学教学和科普的康庄大道。

欣为之序。

中国工程院资深院士
南方医科大学教授　钟世镇

2020年2月26日于广州

前　言

生物塑化技术是一项全新的生物标本保存技术，也是目前世界上最先进的标本保存技术。这项技术于 20 世纪 70 年代诞生，于 90 年代逐渐走向成熟。技术发明人为德国解剖学家、当时还在德国海德堡大学任教的巩特尔·冯·哈根斯（Gunther von Hagens）先生。

生物塑化技术自 1995 年由大连医科大学引进国内以来，历经一路风雨。现在，"生物塑化技术"这一新名词已经逐渐被越来越多的人所熟知。生物塑化技术的应用范围也由最初的人体解剖学扩展到病理学、胚胎学、生物学、法医学乃至植物学、考古学。将塑化标本应用于教学和对外展示，不仅改善了解剖学等学科的教学环境，还提升了教学质量。

生物塑化技术制备的塑化标本无臭、无味、无刺激性，可以长久保存。这项技术不仅可以保留标本的外形，还可以使标本的内部结构得到很好的展示。塑化标本展示了生物的内部结构，使以往晦涩难懂的很多生物学知识变得直观和易懂。配合塑化标本，讲解人员可以非常好地讲述生物的解剖结构与其生活环境及生活习性之间的关系，有利于观众更好地了解生物演化的规律。这一优越性使生物塑化技术在博物馆、科技馆领域得到越来越广泛的应用。国内知名博物馆，如北京自然博物馆、上海科技馆、上海自然博物馆、天津国家海洋博物馆、浙江自然博物馆、大连自然博物馆、内蒙古博物院、山西晋中科技馆等，纷纷征集并展出塑化标本。塑化标本的大范围应用也使得我国博物馆业在新技术的应用方面形成了特色，对我国的科普事业发展起到很好的推动作用。

生物塑化技术分为硅橡胶技术和断层塑化技术。其中，断层塑化技术可以在不破坏组织原有毗邻关系的情况下进行研究，同时又具有透光性，可以很好地展示软组织的层次、走行及骨小梁的承力线等，填补了显微解剖与大体解剖之间研究方法的空白，因此在临床解剖学的研究领域具有不可低估的应用价值。

虽然生物塑化技术引进中国已经有 25 年的历史了，其在教学、科普和科研 3 个方面都得到非常广泛的应用、形成了完整的独立的自有知识产权，从事生物塑化技术工作的人员和单位也在不断增多，学习生物塑化技术的呼声不断涌现，但是目前关于生物塑化技术的介绍还只是散在各种文献中，缺少一本完整介绍生物塑化技术的专著。在国际上，生物塑化技术的发明人巩特尔·冯·哈根斯在 1986 年曾经写过一部英文内部资料，现在已经成为生物塑化技术的经典著作；另一部是俄罗斯爱德华（Eduward Borsiak）教授出版的俄文书籍。但这两部著作主要描述生物塑化技术的操作步骤，属于操作手册类型，缺少相关的化学及设备方面的描写。因此大连医科大学和大连鸿峰生物科技有限公司从事生物塑化技术研究与应用的一批专业人员，结合文献及自己多年的工作经验，编写了本书。

本书介绍了生物塑化技术的历史和展望，同时对与生物塑化技术相关的试剂、设备也进行了详尽的介绍，并给出了详细的操作步骤。书中的很多技术细节还是首次被公开。希望读者不仅可以根据本书的内容进行实际操作，而且对生物塑化技术的原理有所掌握，以便有更多的人能够投身生物塑化技术的研发及应用推广工作中，更好地推动生物塑化事业在我国乃至世界的发展。

生物塑化技术作为一项新技术、新事物，社会对其的认识、了解和接受需要一个相当长的过程。"风物长宜放眼量"，经过 20 多年的不断推广和发展，生物塑化技术的研发和应用已经进入一个新的时期。我国在生物塑化领域已经走在世界前沿，愿本书的编写和出版为我国在该领域占据世界领先位置尽一点微薄之力。

参与本书编写的人员有：大连医科大学的隋鸿锦、于胜波、张健飞、郑楠、唐炜、孙诗竹，大连鸿峰生物科技有限公司的李慧有、韩建、刘虎、朱航宇、王喆，大连理工大学的孟庆伟、唐晓飞，大连海事大学的郑长良。

在此向各位编者的辛勤努力表示衷心的感谢！同时由于编者水平所限，书中遗漏与不妥之处在所难免，恳请读者给予批评、指正和建议。

本书由大连市人民政府资助出版，特此感谢。

隋鸿锦

2019 年 12 月于大连星海广场

目　　录

第一章 生物塑化技术的发展历史

第一节 引　　言

生物塑化技术（plastination technique）是德国解剖学家、医学博士巩特尔·冯·哈根斯（Gunther von Hagens，1945—　）于 1978 年发明的一项革命性的生物材料保存新技术。它解决了困扰解剖学界数百年的难题，使人体标本的保存离开甲醛溶液（福尔马林）能够长期保存。自发明以来，这一技术又衍生出许多应用方法，逐渐显示出其在生物形态学教学与科学研究、科学普及等工作中的先进性和优越性，以及深远的社会效益和经济效益。以医学院校人体解剖学教学为例，由于减少了操作者与福尔马林的接触，因此这项技术的运用将彻底改变解剖学实验课的教学环境，解除数百年来解剖学教学人员及学生暴露于有害化学固定剂的危害。同时，在尸体来源日渐减少的趋势下，这项技术可以大量减少尸体标本的消耗。更重要的是，这项技术极大地减少了有害化学固定剂向空气及土壤中排放的有害物质，社会效益显著。

人体解剖学的发展离不开新技术、新方法的应用及与其他学科的联系和交叉。生物塑化技术与激光共聚焦显微镜、计算机断层扫描术（computer tomography，CT）等其他新技术不断结合与发展，以及其在解剖学、胚胎学、生物学、病理学、临床影像学、生物力学、法医学和考古学等多个学科和领域中的广泛应用，使其逐渐成为一个新兴的解剖学分支学科。

生物塑化技术是用硅橡胶、环氧树脂、聚酯共聚体等活性液态高分子化合物置换生物组织细胞内的水分和脂肪等物质后进行聚合固化，以达到长期保存生物标本的目的。塑化标本干燥、无味、耐用、可长期保存，并可以在显微水平保存细胞结构的原有状态。利用这些特点来保存、表达及研究人体形态结构具有其他解剖学分支学科不具备的特点：①可在同一标本上进行从宏观到亚细胞水平的观察和研究；②在标本上原位观察和研究硬组织与软组织之间界面的构筑模式；③塑化标本可以长期保存，可以为许多在现阶段无法识别的结构保留完整的标本资料库，以供未来进一步研究和分析，如对于断层解剖学的研究，由于断层塑化切片可以长期保存，等于保存了原始资料库，可以对同一断层乃至同一结构在不同时期从不同角度进行反复研究，这不仅极大地节省了科研资源，而且可以对同一结构进行在时间轴上的系统研究；④塑化标本不仅保存了器官的原有解剖形态，而且无刺激性气味、耐磨损，可以长期使用，易于学习和研究，极大地改变了解剖学的教学环境；⑤生物塑化技术用化学试剂的特性使得标本可以一种栩栩如生的方式进行展示，同时塑化标本不需要用福尔马林保存，便于携带和运输，因此开辟了一条全新的医学科普路径，使得人体标本可以走出象牙塔，走进学校、社区、各类科普场馆，甚至走进商场，可以举办各种巡展、讲座，向全社会各年龄、各种职业的人群进行展示；⑥该项技术不仅可以保存生物标本的外形，而且可以使其内部结构得到很好的保存。这一特性使得很多过去晦涩难懂的生物学知识变得直观易懂、浅显易记，扩展了博物馆、科技馆等科普场馆的展示内容，丰富了科普方式。

第二节　生物塑化技术的发明与国际推广

一、生物塑化技术的发明与兴起

生物塑化技术是 1978 年由德国的巩特尔·冯·哈根斯博士（图 1-1）发明的，并成功申请了德国、英国、美国、澳大利亚及南非等国的专利。1993 年，巩特尔·冯·哈根斯在德国海德堡成立了生物塑化研究所（Institute for Plastination，IFP），以进一步发展生物塑化技术。1995 年，巩特尔·冯·哈根斯受邀首次在日本东京国立科学博物馆举办人体塑化标本展览。他制作的人体塑化标本造型各异，内容丰富，引起世界瞩目，展览非常成功。凭借这次展览的成功举办，巩特尔·冯·哈根斯又在德国曼海姆（Mannheim）博物馆举办了"人体世界"（Body World）展览，此后分别在美国的洛杉矶和休斯敦、英国、比利时等地举办了"人体世界 2"、"人体世界 3"及"人体世界 4"展览。"人体世界"系列展览的成功举办使生物塑化技术的影响不断扩大，迅速在世界各地得到推广，但也引起了众多争论。争论的焦点在于"人体世界"系列展览是否已超出人体解剖学范畴而属于人体艺术，以及众多伦理宗教方面的质疑。因此，巩特尔·冯·哈根斯的生物塑化研究所一直未得到德国官方学术界的认可。同时，捷克、英国、美国的部分州通过了限制其展览人体标本（包括塑化标本）及商业交易的法律。

图 1-1　生物塑化技术发明人巩特尔·冯·哈根斯的签名照片

尽管如此，生物塑化技术本身的先进性在专业领域是被认可的，也逐渐得到社会各界的理解和支持。1982 年，在美国得克萨斯州召开了首届国际生物塑化年会，当时的会议名称为 Preservation of Biological Materials by Plastination。1986 年，在美国召开第三届国际生物塑化年会时，成立了国际生物塑化学会（International Society for Plastination，ISP），宗旨是促进生物塑化技术及生物材料保存技术的研究、应用、推广、普及及发展，首任国际生物塑化学会主席是美国得克萨斯州的 Harmon Bickley 博士，现任主席是西班牙穆尔西亚大学兽医学院的 Rafael Latorre 教授。此次年会上还决定编辑出版学会的专业学术期刊《国际生物塑化学会杂志》（*Journal of the International Society for Plastination*）（图 1-2），首任主编为美国田纳西大学诺克斯维尔分校比较兽医系的 Robert Hengry 博士。该期刊于 2010 年更名为《生物塑化杂志》（*Journal of Plastination*），现任主编是英国伦敦大学圣乔治学院的 Philip Adds。

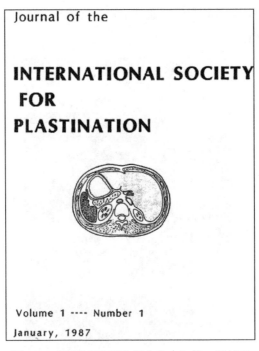

图 1-2 《国际生物塑化学会杂志》第一期封面

为了更好地推广生物塑化技术，国际生物塑化学会于 2005 年、2010 年分别同欧洲临床解剖学会（European Association of Clinical Anatomy，EACA）及美国临床解剖学会（American Association of Clinical Anatomy，AACA）举办了联合学术年会。在国际生物塑化学会的推动和帮助下，全世界已有 40 多个国家，400 多家大学、医院等科研单位建立了自己的生物塑化实验室，并对生物塑化技术不断进行改进，开发新的应用方向和技术手段。

二、生物塑化技术的改进与发展

生物塑化技术包括硅橡胶（silicone rubber，S）技术[①]、聚酯树脂（polyester resin，P）技术[②]及环氧树脂（epoxy resin，E）技术[③]三大类技术。其中后两种技术主要用于制作断层塑化标本。

（一）硅橡胶技术

硅橡胶技术（常用方法的代号为 S10）主要用于大体积标本的制作，也可用于断层塑化标本的制作。根据技术需要可以选用不同的硅橡胶，在室温或低温下塑化。目前生物塑化技术界较普遍使用小分子量硅橡胶进行新鲜标本低温塑化，产品质量较佳。

采用硅橡胶技术可以制备各种造型的标本（图 1-3），同时也可以采用新颖的方式显示解剖结构，因此被广泛应用于解剖学等形态学科的教学中。同时，由于硅橡胶技术制备的塑化标本的动作造型栩栩如生，使得观众接近标本时不会产生恐惧感，因而也被广泛地应用到科普展览、生命科学馆和博物馆的建设中。

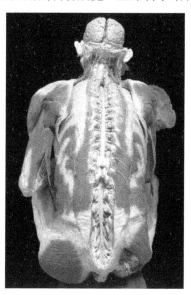

图 1-3　硅橡胶技术制作的脑及脊髓塑化标本背面（文后附彩图）

---

① 全称为硅橡胶塑化标本制作技术。
② 全称为聚酯树脂塑化标本制作技术。
③ 全称为环氧树脂塑化标本制作技术。

采用硅橡胶技术保存的标本，不仅可以显示标本的外形，而且可以保存和展示生物的内部结构。通过内部结构的展示，可以很好地说明生物的内部结构与生存环境之间以及内部结构与生活习性之间密不可分的关系，从而不仅可以展示生物多样性，而且可以创新性地展示生物多样性产生的原因——生存和种系繁衍的需要。这项技术的发展和广泛应用极大地丰富了生物学教学和自然博物馆、科技馆的展陈内容，更使我国的博物馆在展陈内容上具备了在国际博物馆业实现"弯道超车"的可能性。

（二）断层塑化技术[①]

聚酯树脂技术和环氧树脂技术（E12 技术）主要用于断层塑化标本的制作，不仅可以用于教学，而且在科研领域的重要应用价值也在逐渐展现。

1. 聚酯树脂技术

聚酯树脂技术的国际代号通常为 P，后面不同的数字代表不同的聚酯树脂。目前国外常用的聚酯树脂为 P35 和 P40，前者是最早使用的聚酯共聚体，后者始于 10 年后。与 P35 断层塑化标本制作技术（简称 P35 技术）相比，P40 断层塑化标本制作技术（简称 P40 技术）的优点是塑化过程更简单，脑切片标本的灰白质分辨力更佳，缺点是采用 P40 技术制备的标本灰质部常出现黄色点，而且标本不透明，只能用于教学而不能用于科研。

大连医科大学的隋鸿锦教授于 2003 年研制开发出独特的 P45 断层塑化标本制作技术（简称 P45 技术）（图1-4），并获得国家发明专利。P45 技术改变了聚酯共聚体技术常用的紫外线固化方法，改用水浴箱进行固化，同时将国际上常用的平板包埋箱改为上端开口的垂直包埋箱。垂直包埋箱只需在三个方向上进行密封，而不是国际上常用的四面彻底密封。这几个方面的改变使得聚酯共聚体技术的设备大大简化，操作过程更加简单，标本的质量也易于控制，同时试剂的消耗量大大减少，标本的制作周期显著缩短。

P45 技术制备的标本可以大范围地在透明状态下对标本的细微结构进行观察，使其成为填补大体结构与组织学研究之间空白的方法学突破，在临床解剖学研究领域有极高的应用价值。

---

① 全称为断层塑化标本制作技术。

2. 环氧树脂技术

环氧树脂技术（最常用方法的代号为 E12）可用于全身各部位切片。塑化切片具有薄、透明及组织回缩小等特点。使用不同的环氧树脂材料，标本可以先切片后塑化或先塑化后切片，其中后者切片厚度可达 100μm 左右。国外开展断层解剖研究多采用这项技术（图 1-5）。

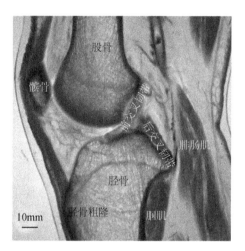

图 1-4　膝关节 P45 断层塑化切片（矢状切）

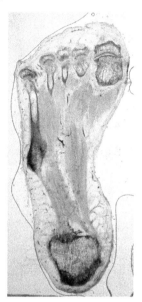

图 1-5　环氧树脂技术
（足底 E12 切片）

图片来源：奥地利维也纳大学 Mircea-Constantin Sora 教授友情提供

三、生物塑化技术在教学中的应用

许多国际知名医学院校已经基本用生物塑化标本替代传统湿性标本，用于本科、研究生及职业培训教学当中。例如，西班牙欧洲微创外科培训中心自 2005 年以来就一直利用生物塑化标本进行微创外科医师的培训。国外的很多所大学已将生物塑化标本系统、全面地应用于本科及研究生教学的各个环节。由于通过生物塑化标本可以同时看到大体和各种断层的解剖学标本，医学生的学习效率大大提高。并且，生物塑化标本可以长期保存和重复利用，避免了尸体标本的浪费，并逐渐增加了标本数量。

基于生物塑化标本便于展示的特性，目前国际上采用塑化标本建设大学博物馆已经逐渐形成潮流。大学博物馆的建设不仅可以有效地激发学生的学习兴趣、改善学生的学习环境、使学生可以在较优美的环境中学习，而且有利于临床医生的继续教育。同时，大学博物馆可以向社会开放，不仅提升了大学的社会影响力，而且提升了对新生的吸引力。

四、生物塑化技术在科学研究中的应用

断层塑化技术制备的标本具有透光性，因此对于软组织研究（如肌腱、筋膜等的层次、走行的显示）具有传统方法无可比拟的优越性。对骨小梁等骨组织结构的显示也具有非常好的优越性。同时，断层塑化标本可以在广泛的范围内对精细解剖结构进行研究，填补了显微解剖与大体解剖之间研究方法的空白。

近年来，人们利用生物塑化技术竟然在人体内发现了若干以前没有文献记载的新结构。例如，大连医科大学的隋鸿锦团队采用 P45 技术对人体枕下肌群进行研究，发现了一个未见文献报道的韧带，并将其初步命名为"待命名韧带"（to be named ligament，TBNL）。该韧带分为弓型和放射型两种类型，均起源于项韧带，穿过寰枢间隙，最终终止于硬脊膜，参与构成肌硬膜桥这一新近发现的结构。这一新的解剖结构的发现，充分体现了 P45 技术的优越性。TBNL 在显微镜下只能看到局部的一束纤维，研究者很难认识到这是一个独立的结构。在大体解剖过程中，TBNL 又与周围组织混杂在一起，常常由于受损而被忽视。而采用 P45 技术，可以于透明状态下在大范围内进行观察研究，因此可以发现 TBNL 属于独立的韧带结构，进而在大体解剖中得以验证。

生物塑化技术在科学研究中逐渐显现的巨大价值也已被国外的解剖学家和临床医生所认可。迄今，国内外已有数百篇使用这项技术或结合其他研究技术作为研究工具发表的高水平研究论文。

第三节　生物塑化技术在我国的发展历史

一、生物塑化技术的引进

1992 年，为了在世界范围内推广生物塑化技术，当时还在德国海德堡大学任教的巩特尔·冯·哈根斯先后访问了北京医科大学（现北京大学医学部）、北京协和医学院、大连医学院（现大连医科大学）、上海医学院（现复旦大学医学院）和南京医学院（现南京医科大学），举行了多场学术报告会来介绍生物塑化技术，并展示了随身携带的生物塑化标本。这是国内学者首次接触和认识生物塑化技术。在这次访问后，巩特尔·冯·哈根斯与大连医学院签订了合作协议，将生物塑化技术引入中国。1994 年 10 月，大连医科大学组建了中国首家生物塑化实验室——大连医科大学生物塑化技术研制开发中心，在国内率先开始了生物塑化技术的研究工作。大连医科大学生物塑化技术研制开发中心成立后塑化的第一件标本是一个肾脏标本。

20 世纪 90 年代初，位于重庆的第三军医大学人体解剖学教研室张绍祥教授引进了生物塑化技术的设备和包埋剂，并开展聚酯树脂和环氧树脂切片技术，制作了许多骨、脑、神经、血管和颅底蝶鞍的薄片断面标本。

二、生物塑化技术的推广与应用

1995 年，隋鸿锦在《解剖科学进展》、张绍祥在《中国临床解剖学杂志》上发表综述文章，向国内学者介绍了生物塑化技术。大连医科大学生物塑化技术研制开发中心开始在国内制作生物塑化标本。1995 年，张绍祥的课题"蝶鞍与斜坡区的生物塑化断面解剖及计算机图像三维重建"获得国家自然科学基金的资助，是国内首个与生物塑化技术相关的国家自然科学基金项目。张绍祥教授等依托这个课题的研究成果，于 1996 年在四川科学技术出版社出版了《人体颅底部薄层断面与 MRI、CT 对照图谱》。这是国内首部应用塑化标本制作的解剖图谱。

9

1994 年，郑天中、隋鸿锦参加了在奥地利格拉兹举办的第七届国际生物塑化学会年会。1996 年，隋鸿锦代表大连医科大学参加了在澳大利亚布里斯班举办的第八届国际生物塑化学会年会。2002 年之后，隋鸿锦教授先后参加了第十一至第十九届国际生物塑化学会年会，并于 2018 年当选为国际生物塑化学会参事。

1997 年，广东药学院张德兴、张文光还对生物塑化技术在出土古尸的保存方面开展了研究，先后塑化了数十具出土古尸，并申得了发明专利（专利名称为"一种文物塑化保存的方法"）。

三、生物塑化标本制作企业的建立

1996 年成立的南京苏艺生物保存实验工厂是国内首家专业的生物塑化标本制作厂家。并且，南京苏艺生物保存实验工厂申请了中国首个与生物塑化技术相关的专利。2001 年，南京苏艺生物保存实验工厂与上海复旦大学医学院合作承办了国际生物塑化学会的临时年会，有近 20 位国外同行参会。

1997 年，大连医科大学在原有实验室的基础上与巩特尔·冯·哈根斯合作成立了大连医科大学生物塑化研究所。1999 年，巩特尔·冯·哈根斯在大连成立了德国独资企业，成为当时世界上最大的生物塑化标本制作企业。

2002 年 6 月，大连医科大学牵头组建了校办企业——大连医大生物塑化有限公司；2004 年，成立了大连鸿峰生物科技有限公司，目前该企业已经发展成为国际塑化行业的龙头企业，拥有 20 多项与生物塑化技术相关的专利。

在此期间及之后，河南郑州、山东青岛及辽宁大连也先后成立了多家规模不等的生物塑化标本制作企业，并申请了多项技术专利。

四、国内生物塑化技术的新发展

（一）一条全新的医学科普路径

2004 年 4 月 8 日至 10 月 8 日，经卫生部（现国家卫生健康委员会）和中国科学技术协会批准，中国解剖学会（Chinese Society for Anatomical Sciences，CSAS）与大连医大生物塑化有限公司合作，于中国建筑文化中心举办了国内首次"人体世界科普展览"（图 1-6）。展览以生物塑化技术为依托展示客观实在的人体结构，向公众进行医学健康科普教育。本次展览对于在国内开展遗体捐献工作起到很好的宣传和推广作用。在本次展览之后，国内多家开展生物塑化技术工作的单位纷纷在国内外举办了多个名称不同的展示人体塑化标本的科普展览。这些科普展览很好地宣传了人体知识和医学知识，起到很好的科普宣传作用。借助于这些展览的影响，"生物塑化技术"这一新名词也逐渐被越来越多的人所熟知。

图 1-6　2004 年 4 月 8 日，人体世界科普展览开幕式在中国建筑文化中心举行

社会对于新事物、新技术的认识、理解和接受需要一个过程，所以以生物塑化技术为依托展示客观实在的人体结构的展览也在社会上引起一些媒体争论。与此同时，由于缺少行业规范和指导，该项技术在发展时也难免存在泥沙俱下、良莠不齐的现象。为了改变这一现象，2006 年 10 月，国务院法制办公室组织卫生部、公安部、商务部、国家质量监督检验检疫总局等九个部委联合制定了《尸体出入境和尸体处理的管理规定》。该管理规定的制定，使塑化行业发展无法可依的局面得到一定缓解。但同时，由于该管理规定的制定比较仓

促，没有明确地将"尸体"与"人体标本"的概念进行区分，在一定程度上也给生物塑化技术的发展乃至人体解剖学工作的开展造成影响。

（二）在北京举办第十六届国际生物塑化学会年会

2012 年 7 月，由中国解剖学会和首都医科大学承办、大连医科大学协办，在北京成功举办了第十六届国际生物塑化学会年会，共吸引了中国、美国、俄罗斯、日本、韩国、英国、澳大利亚、新西兰、巴西、南非、奥地利、西班牙、以色列、瑞士、丹麦、印度等 27 个国家和地区的 110 名代表参会。年会交流内容涉及：①解剖学教学、科研和伦理问题；②生物保存技术研究进展；③生物塑化技术在现代解剖教学和科研中的应用；④生物塑化技术在临床解剖、功能解剖和数字解剖中的应用；⑤生物塑化技术的基本原则及塑化实验室的建立。会议内容丰富、前沿，囊括了该领域的最新进展，加强了发达国家和发展中国家之间、国内外院校和研究机构之间在生物塑化技术等领域的交流与合作，促进和推动了生物塑化技术在中国乃至亚洲的快速发展。

（三）在大连举办第十九届国际生物塑化学会年会

2018 年 7 月，第十九届国际生物塑化学会年会在大连医科大学召开。近百位来自世界各地 22 个国家和地区的专家学者齐聚一堂，各国专家分享了 28 场主题报告。报告内容针对生物塑化技术在科研领域的研究及进展进行了专项课题分享及讨论，同时也将生物塑化技术的应用领域扩大到相关科普产业、相关周边产品等实际应用范围内。

这次会议的举办标志着国际生物塑化领域学者的凝聚力不断增强，生物塑化技术的应用领域不断扩展，相关项目及技术的推进更深化，学术及商业合作的渠道和平台更牢固。

（四）大连国际塑化学习班

为了更好地推广生物塑化技术，同时彰显我国在国际生物塑化领域的影响力，大连医科大学隋鸿锦教授依托大连鸿峰生物科技有限公司的技术力量先后于 2013 年、2015 年和 2018 年第十九届国际生物塑化学会年会期间举办了 3 期国际塑化学习班，重点讲授硅橡胶技术和聚酯树脂技术，参加学习的国内外学者累计有近百人，对生物塑化技术的推广起到重要作用。这个学习班的举办也使我国成为国际上继美国、西班牙后第三个国际塑化学习班的举办国，展示了我国在生物塑化领域的国际地位和国际影响力。

（编写者：隋鸿锦）

本章参考文献

隋鸿锦. 2004. 生物塑化技术//钟世镇. 数字人和数字解剖学. 济南：山东科学技术出版社：279-293.

隋鸿锦. 2011. 关于人体标本概念与伦理的思考. 医学与哲学，32（1）：25-26.

Jones D G. 2002. Re-inventing anatomy：the impact of plastination on how we see the human body. Clinical Anatomy，15：436-440.

von Hagens G. 1978. Silicone impregnation of whole organ preparations and histological large preparations（demonstration）. Verh Anat Ges，（72）：419-421.

von Hagens G. 1987. The current potential of plastination. Anat Embryol（Berl），175（4）：411-421.

Zheng N，Yuan X Y，Li Y F，et al. 2014. Definition of the to be named ligament and vertebrodural ligament and their possible effects on the circulation of CSF. PLoS One，9（8）：e103451.

第二章 生物塑化技术用高分子化合物

塑化剂是生物塑化技术的关键因素之一，决定了塑化后标本的外观、弹性、防腐性等。本章对三种生物塑化技术常用的高分子化合物——硅橡胶、环氧树脂和不饱和聚酯树脂的分类、特性及相应的硫化、固化原理等分别进行了介绍。

第一节 硅 橡 胶

在介绍硅橡胶之前，我们先简单介绍一下有机硅聚合物及其发展历史，再通过有机硅聚合物中一些常见的化学键，对有机硅聚合物的一些重要化学性质做初步介绍，使读者可以较好地了解硅橡胶这种有机硅氧聚合物的性能和基本反应特性。

一、有机硅聚合物

（一）简介

有机硅聚合物是分子结构中含有元素硅且硅原子上连接有机基团的聚合物。根据主链结构不同，有机硅聚合物一般分为三类。①以有机硅—氧（Si—O）键结合为主链的聚合物，称为有机聚硅氧烷或聚有机硅氧烷。②以硅—硅（Si—Si）键结合成主链结构的聚合物，称为聚有机硅烷或聚硅烷。③以有机硅与碳、金属及其他杂原子组成主链结构的聚合物，称为聚有机硅杂烷，属于杂链高分子（含 Si—M 键、Si—C 键、Si—N 键等）。其中，有机聚硅氧烷是有机硅聚合物中最重要的一类，它的特殊的结构、优异的物理化学性能，在理论和应用上都有十分重要的价值，是有机硅聚合物合成、应用、研究的主要对象，主要分为硅油、硅橡胶、硅树脂、硅烷偶联剂四大门类。

（二）发展历史

有机硅聚合物是由于在第二次世界大战期间被作为飞机、火箭的特殊材料使用而发展起来的。经过40多年的开发研究，它不仅被广泛用于现代工业、新兴技术和国防工业中，而且还深入人们的日常生活中，成为化工新材料中的佼佼者。

1863年，法国的化学家弗里德耳（Friedel）和克拉夫茨（Crafts）首次在封管中成功合成了第一个有机硅聚合物——四乙基硅烷（Et₄Si）。直到20世纪初，尽管人们只合成了较少的有机硅聚合物，且真正推动有机硅发展的技术和成果并没有产生，但有机硅化学家们为有机硅化学的诞生做出了开创性的贡献。在随后的几十年内，英国诺丁汉大学的Kipping在有机硅化学领域做了深入的研究，先后发表相关论文50余篇。他的突出贡献是成功地在1904年将格氏反应用于制备有机氯硅烷。在后续几年的工作中，他发现有机氯硅烷可以水解成硅醇，同时发现硅二醇或硅三醇可以进一步发生分子间缩聚而形成聚合物。这是现今有机硅化学领域最重要的有机硅聚合物的前身，但Kipping的研究工作却没集中在缩聚合成聚合物中。这份具有历史性意义的工作是由Dilthey完成的，他合成了第一个环状聚硅氧烷——六苯基环三硅氧烷。随后的几十年是有机硅聚合物的成长时期，一些有机硅合成方法在逐步建立，直到1941年Rochow发明了由氯甲烷和硅粉合成有机氯硅烷单体的直接合成法。

$$n\,MeCl + SiH_4 \xrightarrow[\text{加热}]{Cu} Me_nSiCl_{4-n} \qquad (n=1\sim3)$$

这促进了有机硅工业的飞速发展，使它在第二次世界大战期间成功地被用于高空飞机的点火密闭系统。有机硅产品在军工产品中的成功应用，引起了人们对有机硅聚合物的极大兴趣，致使有机硅聚合物的研究队伍快速壮大。在这个快速发展时期，重要有机硅合成反应之一的硅氢加成反应等取得了突破，有机硅新产品不断问世，并逐步得到推广应用。

（三）含硅原子的化学键

与完全的有机化合物相比，硅的有机衍生物的数目是很有限的，而且已知的有机硅可以发生的反应也很有限。这里仅对常见的一些含硅原子的化学键做简要介绍。在有机硅化合物中，硅键的主要类型有 Si—O 键、Si—C 键、Si—OH 键、Si—Cl 键、Si—H 键。在分别介绍这些硅键的化学性质之前，我们先简要介绍硅元素的电负性。

硅化合物与碳化合物的化学性质的明显区别主要源于硅原子较弱的电负性，表 2-1 是 Pauling 提出的部分常见元素的电负性。

表 2-1　部分常见元素的电负性

元素名称	氟 (F)	氧 (O)	氯 (Cl)	氮 (N)	溴 (Br)	碘 (I)	碳 (C)	硫 (S)	磷 (P)	氢 (H)	硅 (Si)	锂 (Li)
电负性 (X)	4.0	3.5	3.0	3.0	2.8	2.4	2.5	2.5	2.1	2.1	1.8	1.0

由表 2-1 可见，硅的电负性很弱，与其他原子成键时共享电子偏向电负性较强的元素。当硅与强电负性的元素结合时，由于硅的电负性比碳弱，在 Si—O、Si—Cl 等键中，键的离子成分增加，因此与对应的碳化合物相比，易于发生硅的亲核取代，但离子成分的增加也使键的热稳定性增强。当硅与弱电负性的元素结合时，尤其是与氢元素结合时，倾向于 $Si^{\delta+}$—$H^{\delta-}$ 的极化形式，与 C—H 键的极化方式相反，因此在化学反应中存在极大的差别，这一点在有机硅的化学反应中非常重要。硅较弱的电负性是有机硅聚合物特殊化学性质的本质。下面将对常见硅键的特性做简要介绍，这将有助于我们更好地了解有机硅聚合物的一些特性。

1. Si—O 键

在有机硅化学中，Si—O 键十分重要，它是形成有机硅氧聚合物的最基本、最主要的键型。Si—O 键的键能高，全部由 Si—O 键组成的无机化合物（如石英）的熔点高达 1750℃，而当硅上接有有机取代基后，其熔点下降，但仍优于普通有机化合物，所以聚硅氧烷的热稳定性很好。另外，在有机硅氧聚合物中，Si—O—Si 的键长较长，键角很大，使 Si—O 之间容易旋转，分子链一般为螺旋结构，非常柔软，硅氧键上还有甲基的屏蔽作用。这样的结构使得硅氧链之间的相互作用小，导致体系的表面张力小，使有机硅氧聚合物有很强的渗透作用。除了 Si—O 键有很强的极性，硅原子本身也容易极化，使得 Si—O—Si 键比 C—O—C 键具有更大的反应活性，在强酸强碱下可以发生 Si—O—Si 键断裂，而且少量极性物质在一定条件下也可以使 Si—O 键发生缓慢断裂，所以在有机硅单体缩聚成高聚物时生成的水可以起到链终止剂的作用，使分子量不能增加。

2. Si—C 键

Si—C 键是有机硅氧聚合物侧基的连接键，赋予了硅化合物有机物的性质。Si—C 键只有微弱的极性。与 Si—Cl 键或 Si—O 键相比，它不易发生硅原子的亲核取代而使键断裂。Si—C 键主要有两种类型：硅-烷基、硅-芳基。其中，硅-烷基的键能与侧链的长短有关，侧链长时易被氧化，但整体具有很高的热稳定性，只有在高温、强酸的条件下才可以发生烷基断裂。而尽管硅-芳基中的硅原子可以与苯环形成 dπ-pπ 共轭，但该键对强酸却十分敏感。原因在于，dπ-pπ 配键本身的键能很小，不是断裂的关键。而发生了 sp^2 杂化的碳原子的吸电性大于 sp^3 杂化的碳原子的吸电性，使 Si—C 键的极性变大，是分子键易断裂的主要原因。同理，类似增加碳原子吸电性的分子修饰都可以使 Si—C 键易断裂。

3. Si—OH 键

Si—OH 基团经常在 Si—Cl 基团或其他硅官能团水解时生成，不稳定，在酸碱作用下极易发生分子间的缩聚反应。Si—OH 键的结构和物理化学性质与有机醇很接近，并具有比有机醇更大的反应活性。而与有机醇相比，有机硅中的硅原子可以同时连接多个羟基，是有机硅单体可以发生缩聚反应的关键。缩聚后，有机硅可以生成线型、环状或含有支链的硅氧烷聚合物。但是区别于有机化合物中的羟基，Si—OH 基团中的羟基酸性较强。

4. Si—Cl 键

有机氯硅烷是合成各种有机硅聚合物的最重要的单体，其中 Si—Cl 键的活性是单体可以发生聚合的关键。它比 C—Cl 键的活性高很多，与有机化合物中的酰氯基团类似，所以可以与水、醇、酸酐等发生剧烈反应。此外，它也可以与某些元素的氧化物及氢氧化物作用，生成硅氧烷和硅醇。

$$2n\ H_3C - \overset{\underset{\displaystyle CH_3}{|}}{\underset{\underset{\displaystyle CH_3}{|}}{Si}} - Cl + M_2O_n \longrightarrow n\ H_3C - \overset{\underset{\displaystyle CH_3}{|}}{\underset{\underset{\displaystyle CH_3}{|}}{Si}} - O - \overset{\underset{\displaystyle CH_3}{|}}{\underset{\underset{\displaystyle CH_3}{|}}{Si}} - CH_3 + 2MCl_n \qquad (n=1\sim4)$$

在氯化铁或氯化铝的存在下，有机氯硅烷可与烷氧基硅烷相互作用。

$$H_3C-\underset{\underset{CH_3}{|}}{\overset{\overset{CH_3}{|}}{Si}}-Cl + H_3C-\underset{\underset{CH_3}{|}}{\overset{\overset{CH_3}{|}}{Si}}-OR \xrightarrow{AlCl_3} H_3C-\underset{\underset{CH_3}{|}}{\overset{\overset{CH_3}{|}}{Si}}-O-\underset{\underset{CH_3}{|}}{\overset{\overset{CH_3}{|}}{Si}}-CH_3 + RCl$$

5. Si—H 键

含有 Si—H 键的化合物统称为硅烷。由于硅的电负性很弱，因此硅烷的化学反应能力与含 C—H 键的有机物不同。在很多情况下，Si—H 键的反应活性与 C—Cl 键的反应活性相似。例如，硅烷与碱水溶液可以反应生成硅醇。

$$H_3C-\underset{\underset{CH_3}{|}}{\overset{\overset{CH_3}{|}}{Si}}-H + H_2O \xrightarrow{NaOH} H_3C-\underset{\underset{CH_3}{|}}{\overset{\overset{CH_3}{|}}{Si}}-OH + H_2$$

硅烷在醇钠的作用下可以与醇类相互作用生成醚键。

$$H_3C-\underset{\underset{CH_3}{|}}{\overset{\overset{CH_3}{|}}{Si}}-H + HOR \xrightarrow{NaOH} H_3C-\underset{\underset{CH_3}{|}}{\overset{\overset{CH_3}{|}}{Si}}-OR + H_2$$

三苯基硅烷可以与有机锂化合物反应生成四取代硅烷。

硅烷中的 Si—H 键在催化剂的存在下还可以与胺、酸、醇及水相互作用，特别是可以在一定条件下和烯键或炔键发生加成反应。这是有机硅化学特有的反应之一。

$$H_3C-\underset{\underset{CH_3}{|}}{\overset{\overset{CH_3}{|}}{Si}}-H + H_2NR \xrightarrow{KNH_2} H_3C-\underset{\underset{CH_3}{|}}{\overset{\overset{CH_3}{|}}{Si}}-NHR + H_2$$

$$H_3C-\underset{\underset{CH_3}{|}}{\overset{\overset{CH_3}{|}}{Si}}-H + H_2C{=}CHR \xrightarrow{催化剂} H_3C-\underset{\underset{CH_3}{|}}{\overset{\overset{CH_3}{|}}{Si}}-CH_2-CH_2-R$$

此外，Si—H 键不仅可以与游离的卤素反应，而且还可以与氢卤酸、卤代烃、酰卤、卤代羧酸酯、卤硅烷等反应：

$$\underset{\overset{|}{CH_3}}{\overset{\overset{|}{CH_3}}{H_3C-Si-H}} + XR \longrightarrow \underset{\overset{|}{CH_3}}{\overset{\overset{|}{CH_3}}{H_3C-Si-X}} + RH$$

二、硅橡胶简介

硅橡胶的种类繁多，在 20 世纪 40 年代初研制成功的二甲基硅橡胶是最古老的品种，它在第二次世界大战期间被用作探照灯耐热防震的高温密封垫圈。二甲基硅橡胶的主要特性是可以在-50～200℃长期使用而保持其橡胶弹性，并具有优异的电绝缘性、耐候、耐臭氧、耐部分化学药品、生理惰性及高透气性等特点，但其物理机械性能较差，硫化活性低，高温压缩永久变形大。

为改进二甲基硅橡胶的性能，人们相继开发了低压永久变形的甲基乙烯基硅橡胶，可以在-100～300℃工作的苯基硅橡胶，具有优异耐油和耐溶剂性能的氟硅橡胶和氰硅橡胶，以及高强度耐辐射的苯撑硅橡胶。这些改性品种的出现，扩大了硅橡胶的应用范围。硅橡胶虽然在不断发展，但就其基本组成来说，只有前面所说的生胶、硫化体系和填料，外加一些可提高某些性能的少量添加剂。硅橡胶的发展就体现这四种组分的变革和提高上。

（一）硅橡胶的基本组成

硅橡胶的主要成分是一种线型结构的高分子量的聚有机硅氧烷，其通式是

$$\underset{\overset{|}{R}}{\overset{\overset{|}{R}}{R'-Si-O}} \left(\!\!\underset{\overset{|}{R}}{\overset{\overset{|}{R}}{Si-O}}\!\!\right)_{\!n} \underset{\overset{|}{R}}{\overset{\overset{|}{R}}{Si-R'}}$$

通式中的 n 代表聚合度，R′代表烷基或羟基，R 通常代表甲基。也可以通过引入其他基团（乙基、烯基、苯基、三氟丙基等）来改善和提高某些性能。硅橡胶是用线型聚有机硅氧烷（有机硅生胶）制成的橡胶。要把有机硅生胶制成具有实用价值的硅橡胶，必须经过填料的补强和硫化剂的硫化。因此，有机硅生胶、填料和硫化剂是硅橡胶的三个基本组分。

有机硅生胶是胶料中最重要的组成部分，硅橡胶的各种性能及硫化活性等均主要由有机硅生胶的化学结构所决定。按其外观、交联机理等有多种等级，有机硅生胶大致可分为以聚合度 5000～10 000 的线型聚有机硅氧烷（常见生胶状）为主要成分的混炼型和以聚合度 100～2000 的线型聚有机硅氧烷（油状）为主要成分的液体状态两类。

针对不同的生胶类型，硅橡胶按其硫化方法可以分为两大类型——有机过氧化物引发自由基交联型［简称热硫化型（HTV）］、缩聚反应型［简称室温硫化型（RTV）］。

（二）硅橡胶的一般性能

硅橡胶的性能取决于由有机硅生胶、填料、硫化剂组成的胶料配方。但是即使是同一胶料配方，硫化胶的性能也会因加工工艺和条件不同而有所差别。硅橡胶都是以聚有机硅氧烷为基础的，因此它们的性能也必然反映出有机硅聚合物的共同特性而有别于其他有机橡胶。下面分别介绍一下硅橡胶的一般性能。

硅橡胶最显著的特性是其高温稳定性。硅橡胶可在 200～300℃的环境中长期使用，在 100～200℃的环境中甚至可以使用数年。若选择适当的填充剂和高温添加剂，硅橡胶的使用温度可高达 375℃，并可耐瞬间数千摄氏度的高温。

硅橡胶的闪点高达 750℃，燃点为 450℃。硅橡胶不易燃烧。万一发生燃烧，生成的 SiO_2 仍是绝缘的，同时在燃烧过程中不会生成有毒物质和腐蚀性气体。

硅橡胶具有耐辐射性能，可以耐 γ 射线和 X 射线。例如，苯撑硅橡胶具有优良的耐高温辐照性能，γ 射线高达 1×10^9 伦琴时仍可以保持弹性。

硅橡胶具有优异的低温柔顺性，在极低的温度下也能保持其弹性，而一般的有机橡胶在-50℃时就已经发脆。硅橡胶可以耐将近-100℃的低温。含苯基的硅橡胶共混物可以显著降低其结晶温度和玻璃化转变温度。硅橡胶使用温度范围（-50～200℃）十分广泛，且硬度和抗张强度变化都很小。硅橡胶的耐寒性对宇航业的意义十分重大，可用于制作宇航器的密封圈、垫片等。

硅橡胶的耐臭氧和耐候性优于其他橡胶，长期暴露在室外或在臭氧浓度很高的环境中也不会发生龟裂和黏性蠕变，其物理机械性能和电性能基本无变化。

硅橡胶的物理机械性能较差，未经配合的硅橡胶硫化制品的抗张强度只有几兆帕，相对伸长 50%～80%，但经白炭黑等补强填料的配合后，其抗张强度可以提高到 10MPa 左右，相对伸长 100%～400%。

压缩永久变形是硅橡胶在高低温下做垫圈使用时的重要性能。二甲基硅橡胶压缩永久变形较差，在 150℃下压缩 22h 后形变值为 50%左右；甲基乙烯基硅橡胶具有较好的压缩永久变形，在相同条件下的形变值为 20%。

硅橡胶有良好的电绝缘性能，主要表现在它受温度、湿度和频率的影响较小。它的介电性能极佳，尤其是在高温下的介电性能大大优于一般有机橡胶，且在 20～200℃几乎不受温度影响。

硅橡胶有较好的耐化学物质、耐燃料油及油类等性质，对许多化学试剂具有良好的抗腐蚀能力。但硅橡胶只对低浓度的酸、碱、盐有一定的耐受性而不耐强酸、强碱和四氯化碳、甲苯等非极性溶剂。

硅橡胶具有低吸湿性，长期浸于水中吸水率仅为 1%左右，而物理机械性能不下降。此外，硅橡胶对许多材料不粘，可起到隔离作用。

硅橡胶无味、无毒，对人体无不良影响，与机体组织的反应轻微，有优良的生理惰性和老化性，可用作医用材料。对人体无不良影响还表现在硅橡胶有极优越的透气性，气体透过量比其他高分子材料高 30～40 倍，皮肤长期接触不会引起刺激感。

通常情况下，液体硅橡胶的黏度随着分子量增大而逐渐增加，流动性逐渐降低。由于硅橡胶可以采用不同类型的共聚单体制得，使得硅橡胶流动性随温度的变化规律略有不同。但通常情况下，液体硅橡胶的黏度随着温度的升高而逐渐下降，流动性逐渐提高。

三、硅橡胶生胶的合成

硅橡胶生胶可以通过缩聚反应和开环聚合来合成。

（一）缩聚反应

聚二甲基硅氧烷生胶可以先通过二甲基二氯硅烷的水解、缩聚得到缩聚产物，然后缩聚产物进一步重排（一般称为平衡）而合成生胶。

$$Cl-\underset{\underset{CH_3}{|}}{\overset{\overset{CH_3}{|}}{Si}}-Cl \xrightarrow{\text{水解}} \xrightarrow{\text{缩聚}} \begin{array}{c} HO\left(\underset{\underset{CH_3}{|}}{\overset{\overset{CH_3}{|}}{Si}}-O\right)_m H \\ + \\ \left[\left(\underset{\underset{CH_3}{|}}{\overset{\overset{CH_3}{|}}{Si}}-O\right)_n\right] \end{array} \xrightarrow[H^+\text{或}OH^-]{\text{重排}} \text{生胶}$$

通过这条路线合成高分子量的聚二甲基硅氧烷生胶主要有两个困难。一是由于生胶的分子量很大，要求单体中甲基三氯硅烷的含量应低于 0.02%（否则会产生凝胶化）。但是二氯单体与三氯单体的沸点相差无几，所以要得到高纯度的二甲基氯硅烷的难度很大。二是在水解、缩聚过程中除了生成链状的低聚体外，还会生成环状低聚体，因此水解、缩聚后的产物必须在一定量的酸碱催化剂的作用下发生进一步缩聚，同时环状硅氧化合物还要进行重排，以增加其分子量。但是缩聚过程中有水生成，极性分子会缓慢地使硅氧键断裂，所以这种方法制备的生胶的分子量不易控制。而现在工业上水解缩合的主要目的是提高类似八甲基环四硅氧烷（D_4）这类环状化合物的收率，且重排过程逐渐被开环聚合所取代。

（二）开环聚合

与缩聚反应类似，开环聚合也是先通过二甲基二氯硅烷的水解、缩聚得到直链与环状混合的低分子量硅氧聚合物，且在进行开环聚合反应前还要对该反应进行预处理，使直链与环状低聚物都重排生成 D_4，而后对 D_4 进行开环聚合，制成高分子量的聚二甲基硅氧烷生胶。反应如下：

$$Cl-\underset{\underset{CH_3}{|}}{\overset{\overset{CH_3}{|}}{Si}}-Cl \xrightarrow{\text{水解}} \xrightarrow{\text{缩聚}} \begin{array}{c} HO\left(\underset{\underset{CH_3}{|}}{\overset{\overset{CH_3}{|}}{Si}}-O\right)_m H \\ + \\ \left[\left(\underset{\underset{CH_3}{|}}{\overset{\overset{CH_3}{|}}{Si}}-O\right)_n\right] \end{array} \xrightarrow[473K]{KOH} D_4 \xrightarrow[H^+\text{或}OH^-]{\text{开环聚合}} \text{生胶}$$

由于经过重排反应，因此可以采用一般纯度的二甲基二氯硅烷单体为原料。少量甲基三氯硅烷水解、重排的产物较 D_4 的沸点高得多，容易除去。另外，由于 D_4 在开环聚合过程中不会生成水分子，因此其聚合物的分子量也较易控制。

四、硅橡胶的填料

聚有机硅氧烷分子间的作用力很小，生胶单独硫化后的力学性能差（只有 0.3MPa 左右），无使用价值，因此必须用填料补强。采用适当的补强剂可使硅橡胶的强度达到 10MPa 左右。这主要是由于补强后的硅橡胶存在以下几种交联：聚合物和聚合物之间的共价交联和缠结交联；填料与聚合物之间的共价交联、氢键交联及填料与聚合物中分子间范德瓦耳斯力的交联；填料与聚合物分子链的缠结交联；填料被聚合物分子湿润（聚合物分子进入填料空隙）引起的交联；填料与填料之间的交联。由于有这些交联存在，补强后的硅橡胶强度大大提高。

按补强能力的大小，用于硅橡胶的填料可以分为补强填料、半补强填料和体积填料。由于胶料需经过硫化、硫化胶多在高温下使用，以及有机硅对酸、碱比较敏感等原因，这三种填料本身都需要在高温下能够保持稳定且不能降低硫化剂硫化能力和生胶的热稳定性。

补强填料主要是人工合成的二氧化硅（俗称白炭黑），可以把硫化胶的强度提高 20～30 倍。它有不妨碍硫化体系、高温稳定性等特点。半补强填料和体积填料主要是无机氧化物、硅酸盐和碳酸盐，如硅藻土、陶土、石英粉、云母、高岭土和沉淀碳酸钙及氢氧化铝、氧化铁等。这两类填料的平均粒径分别为 0.05～5μm 和 5～20μm。它们的颗粒较大，补强能力较弱，但经过表面处理后可提高其补强性能，而且在使用时一般和补强填料合用。

五、硅橡胶的硫化

硅橡胶的硫化方法有高温硫化、室温硫化两种。

（一）高温硫化硅橡胶

分子量在 50 万～80 万的线型聚硅氧烷属于高温硫化硅橡胶，通常采用过氧化物做交联剂，并配以各种添加剂（如补强填料、热稳定剂、结构控制剂等），在炼胶机上混炼成均相胶料，然后采用模压、挤出、压延等方法高温硫化成各种橡胶制品。

$$ROOR \xrightarrow{\text{加热}} 2\,RO\cdot$$

$$
\sim\!\!\!\!\sim\!\begin{array}{c} CH_3 \\ | \\ Si-O \\ | \\ HC=CH_2 \end{array}\!\!\!\!\sim + \quad RO\cdot \longrightarrow \quad \sim\!\!\!\!\sim\!\begin{array}{c} CH_3 \\ | \\ Si-O \\ | \\ \cdot CH \\ | \\ CH_2 \\ | \\ OR \end{array}\!\!\!\!\sim
$$

$$
\sim\!\!\!\!\sim\!\begin{array}{c} CH_3 \\ | \\ Si-O \\ | \\ \cdot CH \\ | \\ CH_2 \\ | \\ OR \end{array}\!\!\!\!\sim + \quad \sim\!\!\!\!\sim\!\begin{array}{c} CH_3 \\ | \\ Si-O \\ | \\ CH_3 \end{array}\!\!\!\!\sim \quad \xrightarrow{RO\cdot} \quad \sim\!\!\!\!\sim\!\begin{array}{c} CH_3 \\ | \\ Si-O \\ | \\ CH-CH_2-OR + ROH \\ | \\ CH_2 \\ | \\ Si-O \\ | \\ CH_3 \end{array}\!\!\!\!\sim
$$

（二）室温硫化硅橡胶

室温硫化硅橡胶是 20 世纪 60 年代问世的一种新型有机硅弹性体，也是生物塑化技术中最常使用的硅橡胶。它是以较低分子量（1 万～8 万）的羟基封端的聚有机硅氧烷为基础胶料，与交联剂、催化剂配合可以在常温下交联成三维网状结构。

根据使用工艺，室温硫化硅橡胶可分为单组分和双组分室温硫化硅橡胶。单组分室温硫化硅橡胶是将基础胶料、填料、交联剂或催化剂在无水条件下混合均匀，密封包装，遇大气中的水气时即自行发生交联反应；双组分室温硫化硅橡胶是将基础胶料和交联剂分开包装，使用时按一定配比混合后发生交联反应，与环境湿度无关。按硫化机理，室温硫化硅橡胶又可分为缩合型和加成型室温硫化硅橡胶。缩合型和加成型室温硫化硅橡胶工艺加工和性能对比见表 2-2。

表 2-2 两种不同类型室温硫化硅橡胶的比较

指标	缩合型	加成型
合成方法	工艺简单，成本低	工艺复杂，成本较高
工艺性能	可操作时间短，大面积施工难	可操作时间长，可大面积连续施工
硫化副产物	醇、水等	无反应副产物
密封状态下的耐热性	易老化，失去机械性能	良好
介电性能	硫化初始阶段介电性能降低	良好
黏结强度	中等	可获得高强度
光学性能	一般不能用于光学制品	透过率大于90%
线型收缩率/%	0.1~0.8	<0.1

1. 缩合型室温硫化硅橡胶

1）单组分缩合型室温硫化硅橡胶

单组分缩合型室温硫化硅橡胶的硫化是靠空气中的水分来固化的，硫化反应除了与交联剂、催化剂的种类和用量，聚合物分子量的大小有关外，还与环境的相对湿度和温度有很大关系，表现为硫化速率随着环境温度和相对湿度的增加而增加。单组分室温硫化硅橡胶随交联剂类型不同可分为脱酸型和非脱酸型单组分室温硫化硅橡胶。脱酸型单组分室温硫化硅橡胶是使用较广泛的一类，所用的交联剂是乙酰氧基类硅氧烷（如甲基三乙酰氧基硅烷或甲氧基三乙酰氧基硅烷），它的 Si—O—C 键易被水解，反应如下：

$$(CH_3)Si{\left(\!O—\underset{\underset{O}{\|}}{C}—CH_3\right)}_3 + 3H_2O \longrightarrow CH_3Si(OH)_3 + 3CH_3COOH$$

反应生成的 $CH_3Si(OH)_3$ 极不稳定，易与端基为羟基的线型有机硅缩合形成交联结构：

交联结构

除了上面介绍的脱酸型单组分室温硫化硅橡胶外，脱醇型单组分室温硫化硅橡胶也是应用较广的一种品种。脱醇型单组分室温硫化硅橡胶的交联剂为三或四官能度的烷氧基硅烷 $RSi(OR')_3$、$Si(OR')_4$，通常使用的 R' 为甲基和乙基。交联反应放出的副产物相应为甲醇和乙醇。此外，仅凭空气中的水分，硫化缓慢，需加入烷基钛酸酯等硫化促进剂，硫化时放出醇类，无腐蚀作用，产物适合做电器绝缘制品。它们的交联反应可以用下式表示：

$$H_3C-\underset{\underset{OCH_3}{|}}{\overset{\overset{OCH_3}{|}}{Si}}-OCH_3 + H_2O \longrightarrow H_3C-\underset{\underset{OCH_3}{|}}{\overset{\overset{OCH_3}{|}}{Si}}-OH + CH_3OH$$

$$H_3C-\underset{\underset{OCH_3}{|}}{\overset{\overset{OCH_3}{|}}{Si}}-OH + HO-\underset{\underset{CH_3}{|}}{\overset{\overset{CH_3}{|}}{Si}}\sim\!\sim \longrightarrow H_3C-\underset{\underset{OCH_3}{|}}{\overset{\overset{OCH_3}{|}}{Si}}-O-\underset{\underset{CH_3}{|}}{\overset{\overset{CH_3}{|}}{Si}}\sim\!\sim + H_2O$$

$$\sim\!\sim\underset{\underset{CH_3}{|}}{\overset{\overset{CH_3}{|}}{Si}}-O-\underset{\underset{OCH_3}{|}}{\overset{\overset{CH_3}{|}}{Si}}-OCH_3 + HO-\underset{\underset{CH_3}{|}}{\overset{\overset{CH_3}{|}}{Si}}\sim\!\sim + H_2O \longrightarrow 交联结构$$

2）双组分缩合型室温硫化硅橡胶

双组分缩合型室温硫化硅橡胶是一种常见的室温硫化硅橡胶，也是生物塑化技术中常使用的硅橡胶。其生胶通常是羟基封端的聚硅氧烷。通常将生胶、填料、交联剂（烷氧基硅烷类，如硅酸乙酯或其部分水解物）作为一个组分包装，催化剂（有机锡盐，如二丁基二月硅酸锡、辛酸亚锡等）单独作为另一个组分包装或采用其他的组合方式，但必须把催化剂和交联剂分开包装。无论采用何种包装，只有当两种组分经过计量、完全混合在一起时才开始发生固化反应。双组分缩合型室温硫化硅橡胶的硫化时间主要取决于催化剂的用量，用量越多，硫化越快；环境温度越高，硫化也越快；硫化时缩合反应在内部和表面同时进行。

（1）脱醇型。羟基封端的聚二甲基硅氧烷在催化剂二烷基羧酸锡存在下可与烷氧基硅进行交联，形成三维网络结构的弹性体：

$$4HO-\underset{\underset{CH_3}{|}}{\overset{\overset{CH_3}{|}}{Si}}\sim + C_2H_5O-\underset{\underset{OC_2H_5}{|}}{\overset{\overset{OC_2H_5}{|}}{Si}}-OC_2H_5 \underset{\longleftarrow}{\overset{催化剂}{\longrightarrow}} \text{(交联网状结构)} + 4C_2H_5OH$$

（2）脱氢型。含羟基的有机硅化合物可与含氢的有机硅化合物发生反应，生成 Si—O—Si 键。

$$H_3C-\underset{\underset{CH_3}{|}}{\overset{\overset{CH_3}{|}}{Si}}-H + HO-\underset{\underset{CH_3}{|}}{\overset{\overset{CH_3}{|}}{Si}}-CH_3 \xrightarrow{催化剂} H_3C-\underset{\underset{CH_3}{|}}{\overset{\overset{CH_3}{|}}{Si}}-O-\underset{\underset{CH_3}{|}}{\overset{\overset{CH_3}{|}}{Si}}-CH_3 + H_2$$

所以可利用含氢硅氧烷的低聚体做交联剂与羟基封端的聚二甲基硅氧烷反应，使之交联成网状结构的弹性体，反应示意如下：

$$\text{（交联反应示意）} \xrightarrow{铂催化剂} \text{（网状结构）} + 3H_2$$

（3）脱水型。含羟基的有机硅化合物可以相互作用，生成 Si—O—Si 键，同时生成水：

$$H_3C-\underset{\underset{CH_3}{|}}{\overset{\overset{CH_3}{|}}{Si}}-OH + HO-\underset{\underset{CH_3}{|}}{\overset{\overset{CH_3}{|}}{Si}}-CH_3 \longrightarrow H_3C-\underset{\underset{CH_3}{|}}{\overset{\overset{CH_3}{|}}{Si}}-O-\underset{\underset{CH_3}{|}}{\overset{\overset{CH_3}{|}}{Si}}-CH_3 + H_2O$$

上述反应可以利用多羟基的硅氧烷共聚物作为交联剂，在催化剂（胺或季铵盐）存在下与羟基封端的聚二甲基硅氧烷反应，脱水交联成弹性体。多羟基的硅氧烷共聚物可采用 $(CH_3)_3SiCl$ 和 $SiCl_4$ 或 $Si(OC_2H_5)_4$ 共水解缩合而制得，它既可作为双组分室温硫化硅橡胶的交联剂，又可作为补强填料。

2. 加成型室温硫化硅橡胶

加成型室温硫化硅橡胶与高温硫化硅橡胶的固化机理是一样的，二者的区别在于基胶不同。前者是低分子量的聚硅氧烷液体，后者为高分子量的聚硅氧烷半固体。加成型室温硫化硅橡胶所用的催化剂的活性相对高一些。加成型室温硫化硅橡胶是双组分（双包装）的，其分装形式与双组分缩合型室温硫化硅橡胶相同——催化剂和交联剂分开包装。它的特点是可深层硫化，操作时间可控制，可大量连续操作施工，介电性能优良，收缩率低，可制得高透明、高强度、耐热等特性的制品。

加成型室温硫化硅橡胶的固化是基胶的乙烯基与交联剂含氢硅油的 Si—H 键在催化剂存在下，于室温进行硅氢化反应，形成三维网状结构，成为弹性体：

$$H_3C-\underset{\underset{\text{CH}_3}{|}}{\overset{\overset{\text{CH}_3}{|}}{Si}}-CH=CH_2 + H-\underset{\underset{\text{CH}_3}{|}}{\overset{\overset{\text{CH}_3}{|}}{Si}}-CH_3 \xrightarrow{\text{催化剂}} H_3C-\underset{\underset{\text{CH}_3}{|}}{\overset{\overset{\text{CH}_3}{|}}{Si}}-CH_2-CH_2-\underset{\underset{\text{CH}_3}{|}}{\overset{\overset{\text{CH}_3}{|}}{Si}}-CH_3$$

这个反应是加成反应，无小分子脱除，因此加成型室温硫化硅橡胶的收缩率很小。由于固化过程是使用铂络合物作为催化剂的硅氢化反应，所以在使用时不要接触含有 N、P、S 等元素的有机物，含炔基不饱和键的有机物，锡（Sn）、铅（Pb）、汞（Hg）、铋（Bi）、砷（As）等重金属的离子性化合物，橡胶（含硫及防老剂），环氧树脂（含胺固化剂）等，否则会使铂催化剂中毒而失去催化活性。

第二节　环　氧　树　脂

环氧树脂泛指含两个及以上环氧基—$\overset{\displaystyle O}{\overset{\diagup\diagdown}{CH-CH}}$—，以脂肪族、脂环族或芳香族等有机化合物为骨架结构并可以通过环氧基团在适当的化学试剂存在下形成热固性产物的高分子低聚体。环氧树脂的种类很多，其分子量属于低聚物范围，所以有时也称环氧低聚物。典型的环氧树脂结构如下：

$$H_2C-CH-CH_2 \left[O-\bigcirc-\overset{\underset{\displaystyle CH_3}{|}}{\underset{\displaystyle CH_3}{C}}-\bigcirc-O-CH_2-CH-CH_2 \right]_n O-\bigcirc-\overset{\underset{\displaystyle CH_3}{|}}{\underset{\displaystyle CH_3}{C}}-\bigcirc-O-CH_2-CH-CH_2$$

环氧树脂是一种液态、黏稠态、固态多种形态的物质，只有和固化剂反应生成三维网状结构的不溶、不熔聚合物才有应用价值。

环氧树脂、酚醛树脂及不饱和聚酯树脂被称为三大热固性树脂。环氧树脂中含有独特的环氧基，以及羟基、醚键等活性基团，因而具有许多优异的性能。与其他热固性树脂相比，环氧树脂的种类和牌号最多，性能各异。环氧树脂的固化剂的种类更多，再加上众多的促进剂、改性剂、添加剂等，可以进行多种多样的组合和组配，从而可以获得各种各样性能优异的、各具特色的环氧固化体系和固化物，几乎可以适应和满足各种不同使用性能和工艺性能的要求。这是其他热固性树脂无法相比的。

除了应用灵活多样外，环氧树脂还有很好的物理化学性质。环氧树脂具有很强的内聚力，分子结构致密，它的力学性能优于酚醛树脂和不饱和聚酯等通用型固体树脂。而且环氧树脂固化体系中含有活性极大的环氧基、羟基及醚键、胺键、酯键等极性基团。这赋予环氧固化物以极高的黏结强度，再加上它有很高的内聚强度等力学性能，因此黏结性能特别强。环氧固化物具有优良的化学稳定性，其耐酸、碱、盐等多种介质腐蚀的能力优于不饱和聚酯树脂、酚醛树脂等热固性树脂。此外，环氧固化物还具有固化收缩率小、电性能好等优点，但是环氧固化物的耐热性能一般不超过100℃。

一、环氧树脂的种类

环氧树脂的种类很多，按化学结构分类有以下五种。

（一）缩水甘油醚类

缩水甘油醚类环氧树脂主要品种的化学结构如下所示。

双酚A型环氧树脂：

$$H_2C-CH-CH_2 \left[O-\bigcirc-\overset{\underset{\displaystyle CH_3}{|}}{\underset{\displaystyle CH_3}{C}}-\bigcirc-O-CH_2-CH-CH_2 \right]_n O-\bigcirc-\overset{\underset{\displaystyle CH_3}{|}}{\underset{\displaystyle CH_3}{C}}-\bigcirc-O-CH_2-CH-CH_2$$

双酚F型环氧树脂：

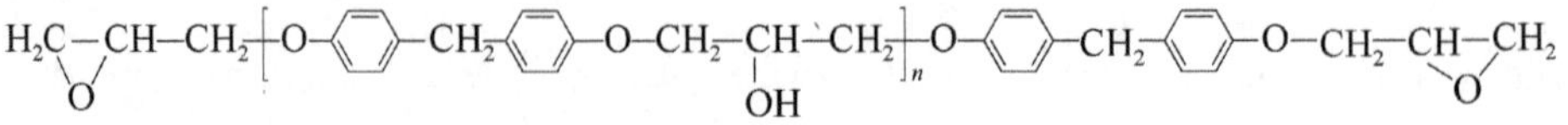

双酚 S 型环氧树脂：

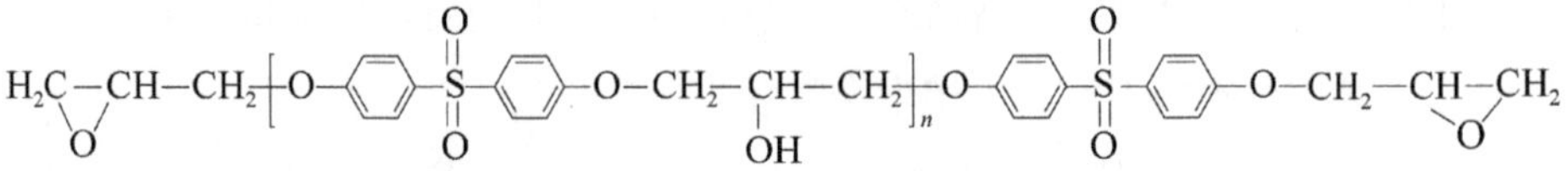

氢化双酚 A 型环氧树脂：

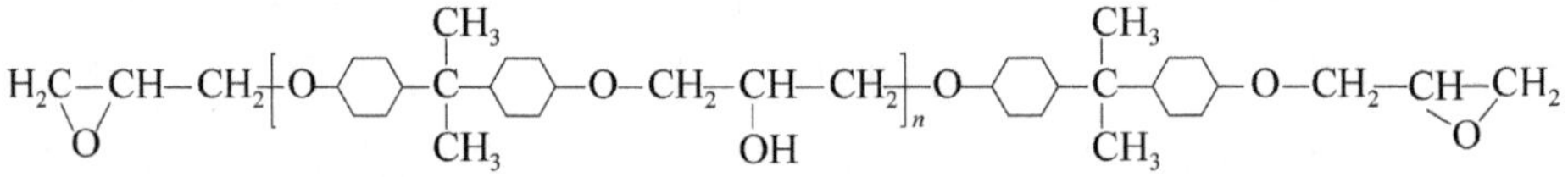

酚醛型环氧树脂：

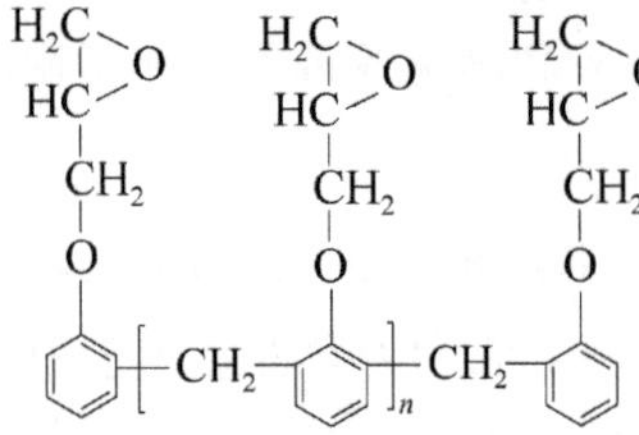

脂肪族缩水甘油醚树脂：

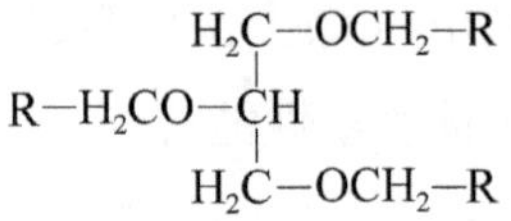

溴代环氧树脂：

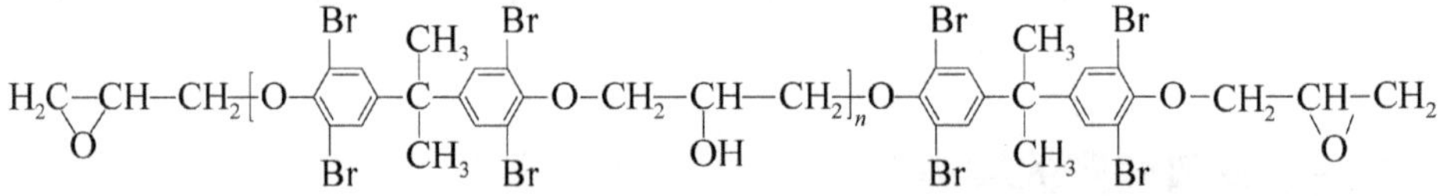

其中，双酚 A 缩水甘油醚类环氧树脂（简称双酚 A 型环氧树脂）的原材料容易获得、成本低，所以在环氧树脂中应用最广、产量最大，占环氧树脂总产量的 85% 以上。后文只以缩水甘油醚类为代表对环氧树脂做简要介绍。

（二）缩水甘油酯类

缩水甘油酯类环氧树脂包括邻苯二甲酸二缩水甘油酯、六氢邻苯二甲酸二缩水甘油酯、对苯二甲酸二缩水甘油酯、四氢邻苯二甲酸二缩水甘油酯、内次甲基四氢苯二甲酸二缩水甘油酯和己二酸二缩水甘油酯等。例如，邻苯二甲酸二缩水甘油酯由于分子结构中含有苯环，分子量较小，除具有环氧树脂的通性外，还有黏度低、反应活性适中、相容性好、电绝缘性和超低温性好及耐候性好等特性，可单独使用，也可用作环氧树脂的稀释剂，用于电子产品或电器的灌封、包封和浸渍绝缘材料等。它与碳纤维有良好的黏结力，适合用于制作碳纤维复合材料等，其化学结构如下所示。

（三）缩水甘油胺类

缩水甘油胺类环氧树脂是由环氧氯丙烷和多元胺反应脱去氯化氢而制得的含有 2 个及以上缩水甘油胺基的化合物。其优点是官能度大、活性高、黏度低、交联密度大、耐热性高、黏结力强、力学性能和耐腐蚀性能良好，对玻璃纤维、碳纤维的湿润性能非常好，主要用于宇航、航空、核电与军事工业中，化学结构如下所示。

（四）脂环族环氧树脂

脂环族环氧树脂的环氧环位于脂肪环上，树脂拥有刚性较强的化学结构，一般分子量较小，在室温下呈液态且黏度较低。它通常被用作稀释剂、胶黏剂、涂料和绝缘灌封材料等，化学结构如下所示。

（五）环氧化烯烃树脂

环氧化烯烃树脂指聚烯烃中的双键以过氧乙酸等环氧化而制得的产

品，典型代表是环氧化聚丁烯，具有长链脂肪族环氧树脂的特点。其固化产物有良好的冲击韧性、黏结性能、耐热性和耐候性，高温环境下电性能稳定。

$$-\underset{|}{\overset{H_2}{C}}-\underset{|}{\overset{H}{C}}-\underset{O}{\overset{H}{C}}-\underset{|}{\overset{H_2}{C}}-\underset{|}{\overset{H_2}{C}}-\underset{|}{\overset{H}{C}}-\underset{O}{\overset{H}{C}}-\underset{|}{\overset{H_2}{C}}-$$

二、常见环氧树脂的基本性能

1. 双酚 A 型环氧树脂（DGEBA）

双酚 A 型环氧树脂是最常用的环氧树脂，是由双酚 A（BPA）与环氧氯丙烷（ECH）反应制得的一种双酚 A 二缩水甘油醚。这种环氧树脂两个末端的环氧基赋予其反应活性，双酚 A 骨架提供强韧性和耐热性，亚甲基链赋予其柔软性，醚键赋予其耐化学药品性，羟基赋予其反应活性和黏结性。

2. 双酚 F 型环氧树脂（DGEBF）

双酚 F 型环氧树脂是由双酚 F 与环氧氯丙烷反应制得的，其化学结构与双酚 A 型环氧树脂十分相似，特点是黏度特别低。双酚 F 型环氧树脂的固化反应活性几乎可以与双酚 A 型环氧树脂相媲美，固化物的性能除热变形温度（HDT）值稍低之外，其他性能都略高于双酚 A 型环氧树脂。

3. 双酚 S 型环氧树脂（DGEBS）

双酚 S 型环氧树脂是由双酚 S 与环氧氯丙烷反应制得的，它的性能与双酚 F 型环氧树脂基本相反：树脂黏度比同分子量的双酚 A 型环氧树脂略高，固化后具有更高的热变形温度和更好的耐热性能。

三、环氧树脂的固化

（一）环氧乙烷的反应活性

环氧树脂是通过环氧基进行交联反应生成的，因此环氧树脂在固化过程中不放出小分子化合物，从而避免了某些缩聚型高分子树脂在热固化过程中所产生的气泡和收缩缺陷。现在以环氧乙烷为例简要介绍环氧基的反应活性。

环氧乙烷是最小的环醚，分子间存在很大的环张力（114kJ/mol）：

$$H_2C\underset{\diagdown O \diagup}{-}CH_2$$

C—C 键长 0.149nm　　∠OCC=59.2°

　　　　　　　　　　∠COC=61.6°

C—O 键长 0.147nm　　∠HCH=116°

又因氧原子的强吸电子诱导作用，环氧乙烷具有非常高的化学反应活性，对许多化学试剂都很敏感，极易与含活泼氢的化合物发生一系列的开环加成反应。

$$H_2C\underset{\diagdown O \diagup}{-}CH_2 + H-Y \longrightarrow HO-CH_2-CH_2-Y$$

Y=OH, X, OR, OAr, NH₂, SH, CN, SR, NHR, NR₂

另外值得注意的是，取代的环氧乙烷在不同的反应条件与试剂作用下所得到的开环产物是不同的。例如

$$(H_3C)_2C\underset{\diagdown O \diagup}{-}CH_2 + ROH \xrightarrow{H^+} (H_3C)_2C\underset{|}{\overset{OR}{-}}CH_2OH$$

$$(H_3C)_2C\underset{\diagdown O \diagup}{-}CH_2 + ROH \xrightarrow{OH^-} (H_3C)_2C\underset{|}{\overset{OH}{-}}CH_2OR$$

这是由于环氧乙烷在碱性条件下的开环反应是 S_N2 过程，而在酸性条件下的开环反应是 S_N1 过程。

（二）固化剂简介

环氧树脂本身是一种在分子中含有 2 个及以上活性环氧基的低分子量化合物，分子量在 300～2000，具有热塑性，在常温和一般加热条件下不会固化，也不具备良好的机械强度、电绝缘、耐化学腐蚀等性能，必须加入固化剂，组成配方树脂，并且在一定条件下进行固化反应，生成立体网状结构的产物，才可以显现各种优良的性能，成为具有真正使用价值的环氧材料。由前面讲述的环氧基与含有活泼氢的化合物有开环反应活性，可以推想到固化剂一般应选用含有活泼氢的化合物。常见固化剂的分类如图 2-1 所示。

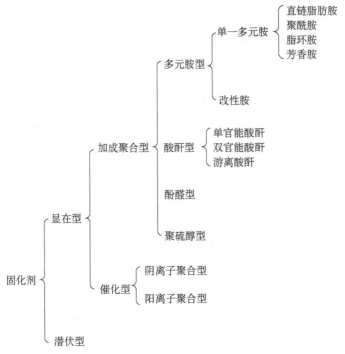

图 2-1 固化剂类型

　　显在型固化剂为普遍使用的固化剂，如果不特殊说明，均是指这种类型的固化剂。它可分为加成聚合型固化剂和催化型固化剂两类。加成聚合型固化剂会打开环氧树脂中的环氧基环进行加成聚合反应，凡是具有两个及以上活泼氢的化合物都可以作为固化剂，种类很多。在加成聚合反应中，固化剂本身加入已形成的三维网络结构中。如果固化剂的用量不足，则固化产物中还会存在未反应的环氧基团。因此这类固化剂必须有一个合适的配合量。催化型固化剂则以阳离子或阴离子的方式使环氧基开环进行加成聚合，本身不加入三维网络结构中，因此不存在等当量反应的合适量，增加其用量可使固化反应的速率加快，不利于固化产物性能的稳定。

　　潜伏型固化剂与加成聚合型固化剂的固化机理相同，也加入三维网络结构中，但其拥有加成聚合型固化剂不具有的潜伏特性和使用便捷性。潜伏型固化剂与环氧树脂混合后，在室温条件下相对长期稳定，暴露在热、光、湿气等条件下即开始固化反应。这类固化剂基本上是用化学方法封闭固化剂活性的。潜伏型固化剂简化了环氧树脂的使用方法，应用范围日益扩大，在实际使用中有诸多优点，是当前研究开发的重点。

这里以常见的多元胺型与酸酐型固化剂为例简要介绍环氧树脂的固化机理。

1. 多元胺型固化剂的固化机理

伯胺与环氧树脂反应，首先是伯胺的活泼氢与环氧基发生反应生成仲胺，然后进一步与环氧基反应生成叔胺，最后形成交联网状结构。

反应中生成的叔胺具有催化性能，但在伯胺、仲胺存在的条件下，加之本身的空间位阻，其催化活性一般难以发挥。对于上述多元胺的固化反应，因化学结构和碱性不同，反应有很大区别。例如，对于脂肪胺来说，化学平衡常数 K_1/K_2 约为 2，此时基于伯胺与仲胺的交联反应基本同时进行；但是对于芳香胺来说，K_1/K_2 可高达 7~12，基于伯胺的链增长反应占绝对优势。

2. 酸酐型固化剂的固化机理

酸酐在无促进剂存在下，酸酐型固化剂与环氧树脂的主要反应如下所示。

（1）环氧树脂中的羟基使酸酐开环形成单酯。

（2）一个羧基还可以与一个坏氧基发生加成型酯化反应，是酸酐固化环氧树脂的主要反应，因此（1）中的羧基与环氧基再进行酯化反应而生成二酯。

$$R_1-CH_2 \quad HCOOC \quad COOH + H_2C-CH-R' \longrightarrow R_1-CH_2 \quad HCOOC \quad COOCH_2-CH$$

上述反应生成的羟基可以进一步使酸酐开环。

（3）在酸的作用下，环氧树脂中的羟基与环氧基可以进行醚化反应。

$$R_1-CH_2 \quad CH-OH + H_2C-CH-R' \xrightarrow{H^+} R_1-CH_2 \quad CH-O-CH$$

从以上反应机理可以看出，固化速率受环氧树脂中羟基浓度的影响。羟基浓度低的环氧树脂的反应速率特别小，即使在150℃左右也基本上不发生反应，而羟基浓度高的固态环氧树脂则以非常快的速率发生反应。此外，从上述反应机理还可以看出，酯化反应消耗酸酐，而醚化过程不消耗酸酐，所以每个环氧基需要的酐基数小于1，一般为0.85左右。

环氧树脂、固化剂、促进剂的结构，固化反应温度，空气中二氧化碳及溶剂等，都可以影响环氧树脂的固化速率。在通常情况下，升高温度可以加快反应速率。

四、促进剂简介

除了一般的脂肪胺和部分脂环胺类固化剂可以在常温下固化环氧树脂外，多数脂环胺和芳香胺及几乎全部的酸酐型固化剂都需要在较高温度下才可以发生固化交联反应。在采用环氧树脂对生物标本进行生物塑化时，由于生物组织中含有组织胺，因此通常都在常温下进行。但有时为了降低固化反应温度、缩短固化反应时间，采用固化促进剂也是必要的。下面我们简要地介绍适用于多元胺型固化剂和酸酐型固化剂固化环氧树脂的促进剂。

（一）亲核型促进剂

亲核型促进剂大多属于路易斯碱，对环氧树脂具有较强的催化活性，并且路易斯碱的碱性越强，取代基的空间位阻越小，催化活性就越大。另外，促进剂的结构及性能对固化交联反应速率和固化物的性能影响很大。

亲核型促进剂在多元胺型固化剂/环氧树脂体系中起到单独的催化作用，对环氧基的催化是通过体系中的羟基进行阴离子醚化反应进行的。

亲核型促进剂在环氧树脂/酸酐固化体系中起双重催化作用，即不仅对酸酐起催化作用，对环氧树脂也起催化作用。环氧树脂与酸酐的反应为二级反应，先生成烷氧阴离子，与酸酐反应，产生新的羧基阴离子，然后与环氧基再反应，又产生新的烷氧阴离子，这种反应交替进行，形成聚酯型交联结构。

（二）亲电型促进剂

在环氧树脂/多元胺型固化剂固化体系中，亲电型促进剂是常用的促进剂，主要是采用路易斯酸或质子酸，以三氟化硼络合物为代表物。

在环氧树脂与酸酐型固化剂发生固化交联反应时，亲电型促进剂主要有路易斯酸（BF_3、PF_5、AsF_5、SbF_6、$SnCl_2$）及其络合物。值得说明的是，有机酸、醇或酚对环氧树脂/酸酐型固化剂固化反应的催化作用为先经过络合再生成固化交联结构。

（三）金属羧酸盐促进剂

在环氧树脂/酸酐型固化剂固化体系中，除了上述由于加热产生的羧酸阴离子引发的环氧基的聚醚反应以外，还可以与酸酐协同作用形成聚酯结构网络。

在环氧树脂与酸酐型固化剂发生固化交联反应时，采用金属羧酸盐作促进剂，金属乙酸盐中的金属离子在反应前期有空轨道，可以与环氧基形成配位络合物而进行催化聚合反应，后期由于固化反应体系放热量增加，金属羧酸盐解离，羧酸根阴离子进行催化聚合反应。它具有两种不同的催化机制，使交联体系固化物中既具有酯键又有醚键。

第三节　不饱和聚酯树脂

聚酯是一类含有酯键的高分子化合物，是由二元酸和二元醇经缩聚反应生成的，其中含有不饱和双键的聚酯称为不饱和聚酯。不饱和聚酯溶解于有聚合能力的单体中成为一种黏稠液体时，称为不饱和聚酯树脂（unsaturated polyester resin，UPR）。

一、不饱和聚酯树脂的合成原理

不饱和聚酯树脂的制备过程是典型的缩聚反应，聚合机理为逐步聚合，即先形成二聚体、三聚体、四聚体等低聚物，随反应时间延长，低聚物相继相互缩聚，分子量逐渐增加，直至分子量达到设定值。

下面以邻苯型不饱和聚酯树脂低聚物的合成原理为例说明不饱和聚酯树脂低聚物的反应过程。邻苯型不饱和聚酯树脂低聚物是由顺丁烯二酸酐、邻苯二甲酸酐、饱和二元醇缩合制备的。

由于顺丁烯二酸酐比邻苯二甲酸酐更活泼，因此顺丁烯二酸酐首先与二元醇反应形成单酯（n、$2m$、k 为多元醇、顺丁烯二酸酐、邻苯二甲酸酐的配料摩尔比）。

饱和酸形成单酯的速率慢，不饱和酸形成的单酯仍有较高的活性，可以继续和二元醇反应，形成三聚体、四聚体，反应体系内是二聚体、三聚体、四聚体的混合体系。

$$\longrightarrow \alpha HO \left[R-O-\overset{O}{\overset{\|}{C}}-CH=CH-\overset{O}{\overset{\|}{C}} \right]_2 OH + \beta HO \left[R-O-\overset{O}{\overset{\|}{C}}-CH=CH-\overset{O}{\overset{\|}{C}} \right]_3 OH +$$

$$(n-2m)HO-R-OH + k \underset{O}{\underset{\|}{\bigcirc}} + mH_2O$$

缩聚体系中单体参加反应的速率，不仅受到单体本身活性大小的影响，还受到单体浓度的影响，浓度高时参加反应的速率快。在反应过程中，各种单体的浓度随反应程度的加深而变化。在反应初期，不饱和二元酸的消耗速率快，形成的分子链结构以活性大的不饱和二元酸为主。随着反应程度加深，不饱和二元酸的浓度下降直至逐渐消失，而活性小的二元酸逐渐进行反应。于是有：

$$\alpha HO \left[R-O-\overset{O}{\overset{\|}{C}}-CH=CH-\overset{O}{\overset{\|}{C}} \right]_2 OH + \beta HO \left[R-O-\overset{O}{\overset{\|}{C}}-CH=CH-\overset{O}{\overset{\|}{C}} \right]_3 OH +$$

$$(n-2\alpha-3\beta)HO-R-OH + k \underset{O}{\underset{\|}{\bigcirc}} \longrightarrow$$

$$2HO \left[R-O-\overset{O}{\overset{\|}{C}}-CH=CH-\overset{O}{\overset{\|}{C}} \right]_m OH + k\; H-O-R-O-\overset{O\;\;O}{\overset{\|\;\;\|}{\bigcirc}}-OH$$

随着反应的持续深入进行，形成的分子链的中部为不饱和酸形成的酯化结构，两端为由饱和酸酯化结构组成的不饱和聚酯大分子。

不饱和聚酯树脂低聚物的缩聚反应具有平衡可逆和高温下发生酯交换反应的特征，反应体系内生成的大分子间发生裂解和酯交换反应，使各种大分子链的组成结构之间逐渐形成一定程度的均匀化。由于大分子的裂解和酯交换反应的可控程度差，不饱和聚酯树脂低聚物分子链结构的不均匀性是不可避免的。为方便表征，用以下结构来表示不饱和聚酯树脂低聚物的重复结构单元。

$$k=r+q+2$$

二、原料分子结构对不饱和聚酯树脂性能的影响

不饱和聚酯树脂是不饱和聚酯树脂低聚物与交联单体混合后在加热、光照或高能辐射等引发作用下共聚形成有三维网络结构的体型聚合物。原料的结构与性质是不饱和聚酯树脂低聚物分子设计的依据之一，原料的分子结构、性质和投料比决定不饱和聚酯树脂低聚物的性能，最终影响不饱和聚酯树脂固化物的性能。

（一）二元酸

在工业中，不饱和聚酯树脂低聚物合成中用的二元酸有两种——不饱和二元酸、饱和二元酸，这两种二元酸通常混合使用。不饱和二元酸的作用是为不饱和聚酯树脂低聚物后续交联提供反应官能团，饱和二元酸可以调节双键含量，控制不饱和聚酯树脂低聚物的固化交联密度，降低不饱和聚酯树脂低聚物的规整性，增加与交联单体的相容性。此外，饱和二元酸的分子结构还与合成过程中顺式双键异构化有关，含苯环的二元酸比脂肪族二元酸异构化概率大。合成过程中的反应程度也影响顺式双键的异构化。反应程度增大，则顺式双键异构化概率增大。

1. 不饱和二元酸

不饱和聚酯树脂低聚物生产中常用的不饱和酸是顺丁烯二酸（酐）和反丁烯二酸（酐）两种，其中以顺丁烯二酸（酐）的使用为主，反丁烯二酸（酐）使用较少。用顺丁烯二酸（酐）合成不饱和聚酯树脂低聚物，反应快，结晶少；用反丁烯二酸（酐）合成不饱和聚酯树脂低聚物，反应慢，结晶倾向明显，特

别是在采用对称结构不含氧桥的二元醇时,两种不饱和酸得到的产物结晶性差异很大。需要指出的是,顺丁烯二酸(酐)在加热过程中很容易转变成反丁烯二酸,因此顺丁烯二酸(酐)在反应过程中会发生异构化,所合成的不饱和聚酯树脂低聚物结构中含有反丁烯二酸酯结构。但反应开始时,采用顺丁烯二酸(酐)和反丁烯二酸(酐)作为不饱和酸制得的两种不饱和聚酯树脂低聚物的性能差异仍很明显。

除顺丁烯二酸(酐)和反丁烯二酸(酐)外,其他不饱和二元酸(如顺,顺-己二烯二酸、反,反-己二烯二酸、顺式甲基丁烯二酸、反式甲基丁烯二酸等)(表2-3)也可用于合成不饱和聚酯树脂低聚物。随着所用酸分子链增加,不饱和聚酯树脂低聚物的柔性相应提高,但强度下降较大。由于这些不饱和二元酸的价格较高,因此通常很少使用。

表2-3 常用不饱和二元酸的结构及参数

二元酸	结构式	分子量	熔点/℃
顺丁烯二酸		116.07	138～139
反丁烯二酸		116.07	287
顺,顺-己二烯二酸		142.11	194～195
反,反-己二烯二酸		142.11	300
顺式甲基丁二酸		128.08	161 (分解)
反式甲基丁二酸		128.08	—

2. 饱和二元酸

在不饱和聚酯树脂低聚物的分子链中，饱和二元酸的结构在一定程度上可以调节不饱和双键的密度，改善不饱和聚酯树脂低聚物在乙烯基类交联单体中的溶解度。常用的饱和二元酸有邻苯二甲酸（酐）、间苯二甲酸、对苯二甲酸、己二酸、癸二酸和庚二酸等。长链酸可以用于生产柔性树脂，而如果酸中含有卤素，则可以赋予不饱和聚酯树脂低聚物优异的阻燃性能。表 2-4 列出了一些常用饱和二元酸的结构及参数。

表 2-4　常用饱和二元酸的结构及参数

二元酸	结构式	分子量	熔点/℃
苯酐		148.11	131
间苯二甲酸		166.13	345~348
对苯二甲酸		166.13	384~421
纳迪克酸酐（NA）		164.16	162~165
四氢苯酐（THPA）		152.16	98~102
氯茵酸酐（HET 酸酐）		370.81	240~241

续表

二元酸	结构式	分子量	熔点/℃
六氢苯酐（HPA）		154.17	34~38
四氯邻苯二甲酸酐		285.88	254~255
癸二酸	HOOC(CH₂)₈COOH	202.25	134

3. 饱和二元酸和不饱和二元酸的配比对不饱和聚酯树脂性能的影响

饱和二元酸和不饱和二元酸的配比对树脂的性能影响很大。以通用型不饱和聚酯树脂为例，合成通用型不饱和聚酯树脂的原料有顺酐、苯酐和 1,2-丙二醇。其中，1,2-丙二醇的主要作用是改善不饱和聚酯树脂低聚物的柔顺性；苯酐的主要作用是调节不饱和聚酯树脂的不饱和双键密度，控制固化产物的交联密度；顺酐的主要作用是为不饱和聚酯树脂低聚物交联反应提供继续反应的官能团。增加树脂的顺酐量，使得分子链中双键数目增多，分子链的柔顺性逐渐降低，但不饱和聚酯树脂的凝胶时间缩短，固化物的交联密度增大，耐热性提高，耐冲击性能降低。减少树脂中的顺酐量，不饱和聚酯树脂的凝胶时间延长，折射率和黏度会增加。

（二）二元醇

二元醇的作用与二元酸一样，可以调节不饱和聚酯树脂低聚物的主链柔顺性、对称性和结晶性及不饱和聚酯树脂低聚物与苯乙烯的相容性，不饱和聚酯树脂的凝胶时间，固化物的耐热性、韧性、耐腐蚀性能。可以用于不饱和聚酯树脂的醇有一元醇、二元醇和多元醇。一元醇的作用是控制不饱和聚酯树脂低聚物主链长度和端基结构。二元醇在一定程度上控制不饱和聚酯树脂低聚物主链结构的性质及不饱和双键的数量。常用的二元醇有乙二醇、丙二醇、一缩二乙二醇、新戊二醇、双酚 A 衍生物等，结构及参数见表 2-5。此外，二元醇的分子结构又是合成过程中影响不饱和聚酯树脂低聚物双键异构化的因素之一，对称二元醇比非对称二元醇导致不饱和聚酯树脂低聚物双键异构化的概率大，即 1,2-丁二醇＞1,3-丁二醇＞1,4-丁二醇，仲羟基的二元醇较伯羟基的二元醇导致不饱和聚酯树脂低聚物双键异构化的概率大，如2,3-丁二醇＞丙二醇＞乙二醇。多元醇可以赋予不饱和聚酯树脂低聚物主链上更多的羟基和支链结构。在合成过程中，要严格控制多元醇的用量。多元醇的用量过多，在合成过程中会产生过多的体型缩聚结构，导致合成过程中产生凝胶现象。

表 2-5　常用饱和二元醇的结构及参数

二元醇	结构式	分子量	沸点/℃
乙二醇	$HOCH_2CH_2OH$	62.07	197.6
1,2-丙二醇		76.09	188.2
一缩二乙二醇		106.12	245
一缩二丙二醇		134.18	232
新戊二醇		104.15	210
丙烯醇		58.08	97
氢化双酚 A		240.34	230～234
1,4-环己二甲醇		144.21	284～288
1,3-丙二醇		76.1	210～211

三、不饱和聚酯的固化反应

（一）不饱和聚酯树脂的固化交联单体

一般不饱和聚酯树脂低聚物要与交联剂共混、聚合，共聚之后得到的不饱和聚酯具有较好的使用性能。交联剂是指可以与含有不饱和双键的聚酯低聚物发生共聚固化的单体，既有使不饱和聚酯树脂低聚物由线型转化为体型的作用，又具有降低不饱和聚酯树脂低聚物黏度的作用。

从理论上讲，凡是可以与不饱和聚酯树脂低聚物共聚的烯烃化合物都可以作为不饱和聚酯树脂低聚物的交联剂，但是实际应用时需考虑交联剂固化工艺的可操作性、原材料的来源、价格和工业生产效率、固化物性能等因素。最常用的交联剂是苯乙烯，此外也可用甲基苯乙烯、二乙烯基苯、丙烯酸甲酯、丙烯酸乙酯、丙烯酸丁酯、甲基丙烯酸甲酯、甲基丙烯酸乙酯、甲基丙烯酸丁酯、邻苯二甲酸二烯丙酯、三聚氰酸三烯丙酯等。

（二）不饱和聚酯树脂的交联固化反应原理

不饱和聚酯树脂的交联固化反应是线型不饱和聚酯树脂低聚物与苯乙烯（交联剂）混合的黏流态树脂转化成既不溶解也不熔融的体型交联网状结构聚合物的全过程。不饱和聚酯树脂的固化过程既有物理变化又有化学变化。不饱和聚酯树脂固化可以在引发剂、光、高能辐射等引发产生自由基的条件下启动，整个过程根据树脂的形态变化可以划分为三个阶段。第一阶段由黏流态树脂转变为不流动的半固体凝胶，该阶段被称为 A 阶段或凝胶阶段；第二阶段称为 B 阶段或定型阶段，半固体凝胶转变为不溶解也不熔融、具有一定硬度的未完全固化的固化物；第三阶段称为 C 阶段或熟化阶段，具有一定硬度的未完全固化的固体转变为坚硬且有稳定化学与物理性能的交联聚合物。通常在不饱和聚酯树脂凝胶阶段，黏流态树脂的黏度变化平缓，达到凝胶点时黏度急剧增大，定型阶段的不饱和聚酯树脂转化为熟化阶段需要很长时间。

1. 不饱和聚酯树脂交联引发反应过程

不饱和聚酯树脂的交联固化反应属于自由基共聚反应，聚合反应通过引发剂、光、高能辐射引发产生初级自由基。初级自由基与不饱和聚酯树脂低聚物或交联单体可以形成单体自由基。单体自由基一旦产生，即可迅速进行链增长反应，从而树脂从黏流态转变为凝胶态，最后转变为不熔（溶）的具有三维交联结构的固体。

1）初级自由基的形成

可用于不饱和聚酯树脂固化反应的引发剂有很多种，如偶氮类引发剂、过氧化类引发剂、氧化-还原体系等。

（1）热分解引发。热分解引发是利用热提供的能量促使引发剂分解产生自由基的引发方式。不同的引发剂有不同的分解温度。例如，常用的热引发剂偶氮二异丁腈的分解温度为 64℃，半衰期为 10h；过氧化二苯甲酰的分解温度为 70℃，半衰期为 13h。

热引发剂偶氮二异丁腈的分解过程为：

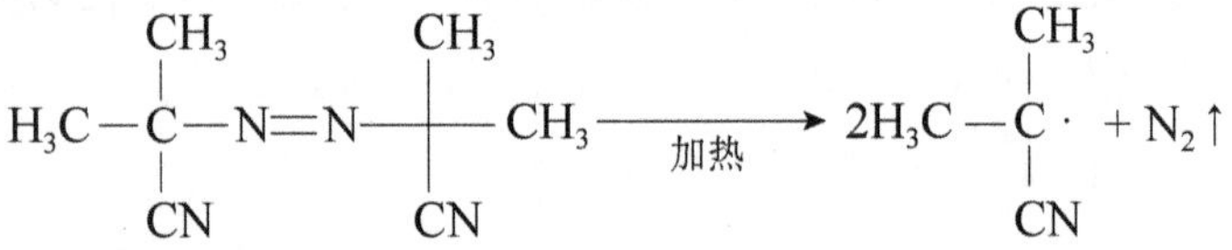

过氧化二苯甲酰的分解过程为：

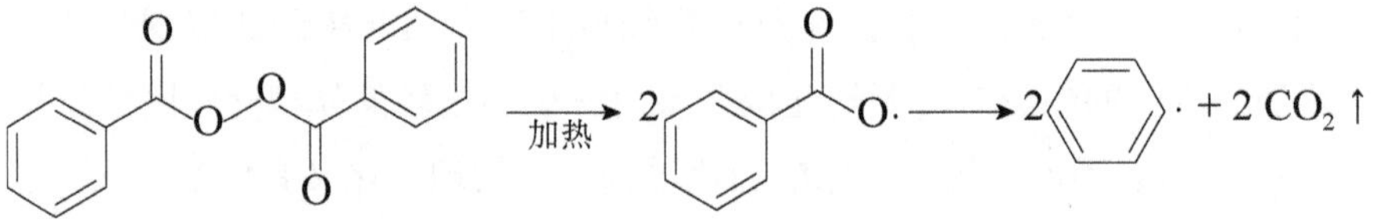

（2）氧化-还原体系引发。通过氧化-还原反应产生自由基，活化能低，可以在常温下引发不饱和聚酯树脂交联固化。过氧化环己酮-环烷酸钴的氧化-还原体系的分解过程如下：

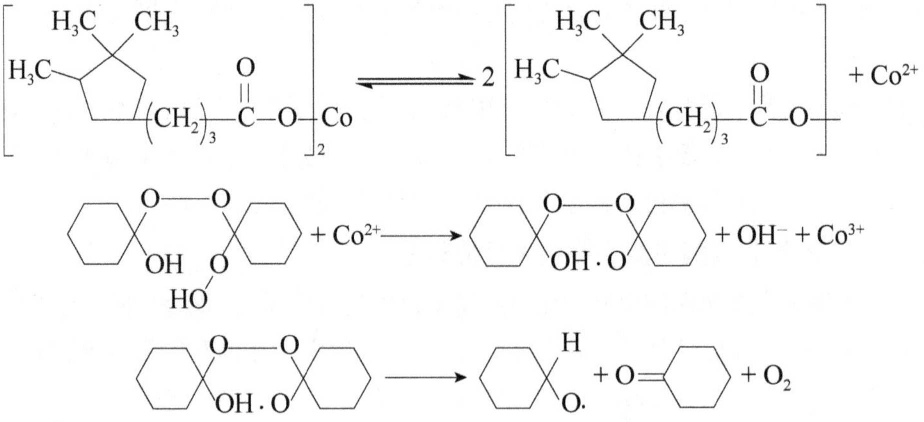

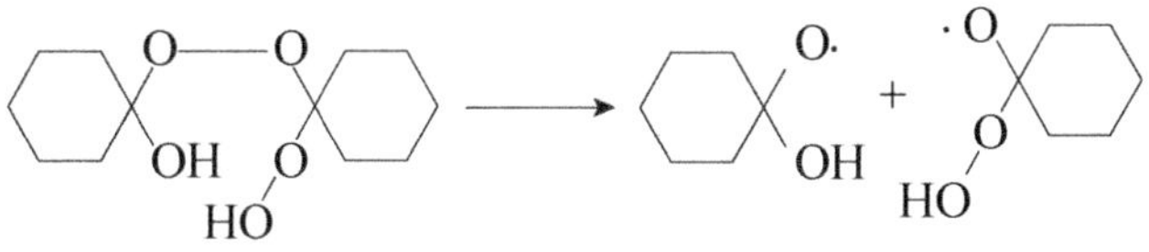

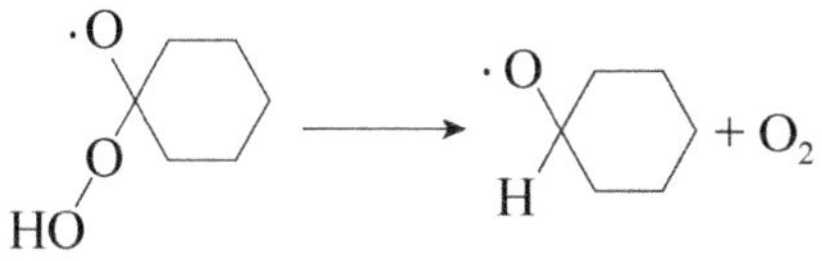

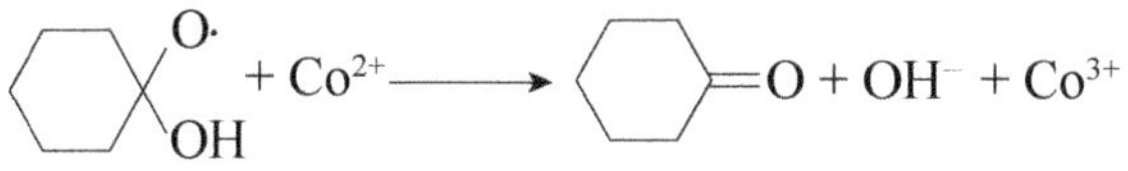

（3）光引发。光敏剂在吸收光能后，可以分解产生自由基引发聚合。这些光敏剂多是含羰基的化合物，如甲基乙烯基酮和安息香。安息香在紫外光照射下的分解过程如下：

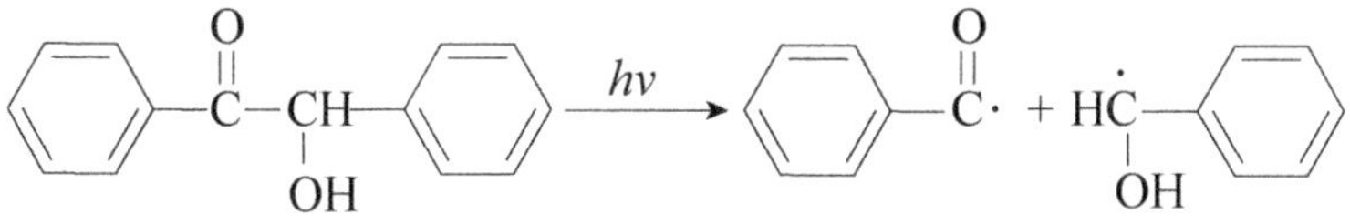

（4）高能辐射引发。高能辐射引发是以高能射线引发不饱和聚酯树脂固化的方法。可以用于辐射引发的高能射线有 α 射线、β 射线、γ 射线、X 射线和中子射线等。高能辐射引发不需要添加引发剂，体系中的单体和溶剂都有可能吸收辐射能而分解产生自由基。高能辐射引发聚合不受温度限制，聚合物中无引发剂端基残留，是一种用于不饱和聚酯树脂固化的理想方式。

2）单体自由基的形成

引发过程产生的初级自由基可以进攻单体生成单体自由基，引发不饱和聚酯树脂低聚物和交联剂的固化反应。初级自由基可以进攻不饱和聚酯树脂低聚物，也可以进攻交联单体，得到不同的单体自由基。以不饱和聚酯树脂低聚物与苯乙烯组成的树脂体系为例，初级自由基引发苯乙烯产生单体自由基：

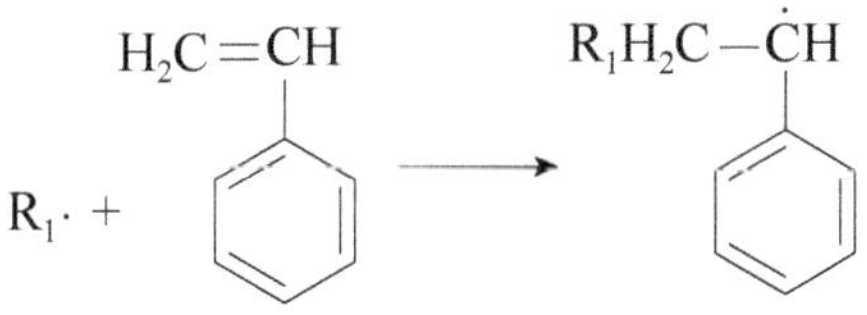

初级自由基引发不饱和聚酯树脂低聚物产生单体自由基：在不饱和聚酯树脂合成的过程中，由于存在链交换反应，且主链上存在多个不饱和双键，不饱和聚酯树脂低聚物的结构复杂，很难用化学结构式准确表达，不饱和聚酯树脂低聚物单体自由基的形成如下所示。

此外，由于不饱和聚酯树脂低聚物主链中存在多个不饱和双键，不饱和聚酯树脂低聚物形成单体自由基可能是多个活性点。

2. 不饱和聚酯树脂的交联过程

自由基聚合反应的主要特征是慢引发、快增长和速终止。其中，链引发是控制反应的关键步骤，只要链增长反应开始，增长的速率就极快，不能停留在中间阶段。随着聚合反应的进行，单体浓度逐渐降低，聚合物浓度不断增加。对于不饱和聚酯树脂来说，一旦开始反应，起始的黏流态树脂的黏度不断增大，转变成不能流动的凝胶，这个过程时间较短，符合自由基聚合的特征。不饱和聚酯树脂的固化经历链引发、链增长和链终止过程，其中链增长过程有如下几步。

（1）苯乙烯自由基引发苯乙烯进行链增长。

（2）苯乙烯自由基引发不饱和聚酯树脂低聚物进行链增长。

（3）不饱和聚酯树脂低聚物单体自由基引发苯乙烯进行链增长。

（4）不饱和聚酯树脂低聚物单体自由基引发不饱和聚酯树脂低聚物进行链增长。

$$\text{HO}\left[\text{R—O—}\underset{\text{O}}{\overset{}{\text{C}}}\text{—CHR}_1\right]\text{HC—O—R—O—}\underset{\text{O}}{\overset{}{\text{C}}}\underset{\text{O}}{\overset{}{\text{C}}}\text{—O—R—O—}\underset{\text{O}}{\overset{}{\text{C}}}\text{—}\left[\text{CH}_2\text{—COOH}\right]_m$$

$$\text{HOOC}\left[\underset{\text{CH}}{\overset{}{\text{HC}}}\text{—}\underset{\text{O}}{\overset{}{\text{C}}}\text{—O—R—O—}\underset{\text{O}}{\overset{}{\text{C}}}\underset{\text{O}}{\overset{}{\text{C}}}\text{—O—R—O—CH—CH—}\underset{\text{O}}{\overset{}{\text{C}}}\text{—O—R}\right]_n\text{OH}$$

不饱和聚酯树脂的链终止过程有如下三种。

（1）苯乙烯自由基的双基终止。

（2）苯乙烯自由基与不饱和聚酯树脂分子自由基的终止。

50

（3）长链单体自由基交联终止。

综上所述可知，不饱和聚酯树脂的固化过程复杂，固化交联网链的混乱度高，很难用化学反应式表达。

不饱和聚酯树脂的固化影响因素包括反应温度、真空度（反应压力）、反应时间、投料摩尔比、催化剂、原料（醇、酸的性质）、加料的方式和顺序、搅拌速度等。通常情况下，通过升高温度可以加快反应速率；反应压力越低或真空度越高，所生成的聚酯的分子量越大，或达到相同分子量所需的时间越短；反应时间延长会使聚合物的黏度增大，但是如果反应时间过长，则会加快逆反应和分解反应。

不饱和聚酯树脂交联网是以不饱和聚酯树脂低聚物和苯乙烯构成的交联网链为主体的。在这个交联网链中，聚苯乙烯的链节数较小（$p=1\sim3$）。网链中还穿插着链节数较大的聚苯乙烯均聚物长链高分子，分子量达 8000～14 000。此外，交联网链中存在未聚合的苯乙烯，不饱和聚酯树脂低聚物上存在一定数量的未反应活性点，如图 2-2 所示。

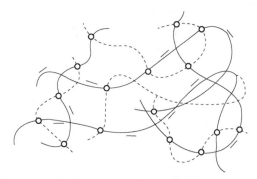

图 2-2 不饱和聚酯树脂固化后的三维网状结构示意

（编写者：孟庆伟 唐晓飞）

本章参考文献

陈平，廖明义. 2017. 高分子合成材料学. 北京：化学工业出版社.

陈平，刘胜平，王德中. 2011. 环氧树脂及其应用. 北京：化学工业出版社.

傅积赉. 2016. 有机硅工业及其在中国的发展. 北京：化学工业出版社.

韩长日，宋小平，瞿平. 2018. 胶粘剂生产工艺与技术. 北京：科学技术文献出版社.

胡玉明. 2011. 环氧固化剂及添加剂. 北京：化学工业出版社.

黄发荣，焦扬声，郑安呐. 2001. 塑料工业手册：不饱和聚酯树脂. 北京：化学工业出版社.

黄文润. 2009. 液体硅橡胶. 成都：四川科学技术出版社.

黄志雄，彭永利，秦岩. 2007. 热固性树脂复合材料及其应用. 北京：化学工业出版社.

李玲. 2012. 不饱和聚酯树脂及其应用. 北京：化学工业出版社.

帕派莱尔，斯马克. 2018. 硅橡胶复合绝缘子：材料、设计及应用. 刘云鹏，梁英，王胜辉，等译. 北京：机械工业出版社.

沈开猷. 2005. 不饱和聚酯树脂及其应用. 3 版. 北京：化学工业出版社.

孙曼灵. 2002. 环氧树脂应用原理与技术. 北京：机械工业出版社.

童忠良. 2008. 化工产品手册：树脂与塑料. 5 版. 北京：化学工业出版社.

汪泽霖. 2010. 不饱和聚酯树脂及制品性能. 北京：化学工业出版社.

游长江. 2018. 橡胶改性及应用. 北京：化学工业出版社.

赵陈超，章基凯. 2015. 硅橡胶及其应用. 北京：化学工业出版社.

周菊兴，董永祺. 2000. 不饱和聚酯树脂：生产及应用. 北京：化学工业出版社.

周宁琳. 2000. 有机硅聚合物导论. 北京：科学出版社.

第三章 生物塑化技术常用化学试剂

第一节 福 尔 马 林

一、福尔马林简介

福尔马林（formaldehyde）是 35%～40%的甲醛水溶液。作为良好的防腐剂和消毒剂，福尔马林被广泛应用于医学和农业、渔业等领域，也是目前尸体保存最可靠的防腐剂。生物塑化标本制作的首要步骤是对人体和动物的尸体或器官进行充分的防腐固定处理，而防腐固定处理得是否充分和彻底关系到生物塑化标本的质量。多年的研究和实践证明，福尔马林是生物塑化标本的首选防腐剂。

福尔马林中一般含有 35%～40%的甲醛、8%～15%的甲醇（methyl alcohol），沸点为 96℃，相对密度（比重）为 1.081～1.086，呈弱酸性。若放置在冰箱内或在室温下储存较久，水溶液中会析出白色沉淀——多聚甲醛。因此，福尔马林不适合放在冰箱中冷藏，否则容易发生凝聚。如果发生凝聚，则可以通过加热使其再次融化成液体。福尔马林不可接触强氧化剂、强碱、酚类、尿素等物质，易引起化学反应而造成危险。

福尔马林的主要成分甲醛的化学式是 HCHO，分子量是 30.03，CAS 登录号[①]为 50-00-0，EINECS 登录号[②]为 200-001-8。甲醛是一种无色、有强烈刺激性气味的气体，易溶于水、醇和醚，具有易燃性及腐蚀性。

---

① CAS 登录号是美国化学会的下设组织化学文摘服务社（Chemical Abstracts Service，CAS）为化学物质制订的登记号，是检索有多个名称的化学物质信息的重要工具。

② EINECS 登录号是"欧洲已存在商业化学物品目录"（European Inventory of Existing commercial Chemical Substances，EINECS）中的编号。

二、甲醛的物理和化学性质

（一）物理性质

甲醛易溶于水，溶解过程为放热反应，放出的热量多少与溶液的浓度无关。甲醛水溶液是无色透明液体，有强烈的刺激气味，沸点基本不随溶液浓度的改变而变化。在标准大气压[①]或当地大气压下，含甲醛 55%（质量分数，下同）以下的甲醛水溶液的沸点为 99～100℃，25%甲醛水溶液的沸点为 99.1℃，而 35%甲醛水溶液的沸点为 99.9℃。

（二）化学性质

甲醛分子中含有羰基氧原子和 α-氢原子，化学性质很活泼，可以与许多化合物发生化学反应，生成多种工业化学品和化工中间体，这里仅介绍其中的一些重要化学反应。

1. 加成反应

甲醛与亚硫酸钠反应生成甲醛基酸式硫酸钠盐 $HOCH_2OSO_2Na$，然后用锌粉在乙酸蒸馏中还原生成甲醛次硫酸钠盐，在工业上被广泛用作纺织品拔染印花药剂。

$$CH_2O+Na_2SO_3+H_2O\longrightarrow HOCH_2OSO_2Na+NaOH$$

在上述反应中，甲醛可以生成等摩尔的 NaOH，因此常用其定量分析甲醛含量。

2. 缩合反应

甲醛能够缓慢进行缩合反应，生成低分子量的羟基醛、羟基酮和其他羟基化合物，但在有碱存在的情况下反应可以加速。此外，甲醛还可以与各种化合物进行缩合反应，称为 Tollen 反应。在碱性条件下反应，则生成羟甲烯基衍生物（—CH$_2$OH）；在酸性条件下或以气相进行缩合反应，则生成甲烯基衍生物（＝CH$_2$）。Tollen 试剂（硝酸银的氨水溶液）是一种弱氧化剂，可以将醛氧化为羧酸，并产生金属银沉积于玻璃反应器皿壁上（银镜），可以用于鉴别醛，因为酮不会发生这个反应。

在工业上的一个重要反应是甲醛与苯酚缩合生产酚醛树脂。

---

① 1 标准大气压=101.325kPa。

$$nC_6H_5OH + nHCHO \longrightarrow \text{[(C}_6H_3OH)CH_2\text{]}_n + nH_2O$$

3. 聚合反应

甲醛在水溶液中容易发生聚合反应。刚生产出来的甲醛水溶液静置时会自动生成低分子量聚合物，形成聚氧甲烯基醇混合物，同时部分出现沉淀。甲醛水溶液在密闭的容器中置于室温下会迅速聚合并放出热量（63kJ/mol 或 15.05kcal/mol）。在室温条件下，气态甲醛和甲醛水溶液在浓缩操作过程中均可以聚合，生成白色粉状线型结构聚合体。

4. 分解反应

甲醛的稳定性很好，在低于 300℃、无催化剂作用下的分解速率非常小。400℃时甲醛的分解速率约为每分钟 0.44%（分解压力为 101.3kPa），分解的主要产物是 CO 和 H_2O。

5. 氧化还原反应

许多金属（如 Pt、Cr、Cu 等）可以使甲醛还原成甲醇、甲酸甲酯、甲烷，或使甲醛深度氧化成甲酸、CO_2 和 H_2O。氢溴酸也有催化作用。

三、甲醛的危害

甲醛对健康的危害主要体现在以下几个方面。

1. 刺激作用

甲醛的主要危害表现为对皮肤黏膜的刺激作用。甲醛是原浆毒物质，可以与蛋白质结合，高浓度吸入时可对呼吸道造成严重的刺激和损害。当不慎吸入时，甲醛会刺激口、鼻与呼吸道的黏膜组织，轻则引起疼痛咳嗽，重则导致呼吸道发炎甚至肺水肿。若不慎误饮多量福尔马林，可有致命危险。甲醛的挥发性很强，对眼睛有很强的刺激性和伤害力，若福尔马林不慎接触眼部时，要速用大量清水冲洗超过 15min，并尽快就医。由于超过安全数值的甲醛及其氧化产物甲酸均会对人体造成危害，因此在使用福尔马林前应先了解相关急救和防护措施，以确保自身安全。

2. 致敏作用

当人体皮肤直接接触福尔马林时，可能引发过敏反应，出现皮肤炎症或湿疹。若工作中长期接触福尔马林，则此类症状会经常出现。因此要注意避免皮肤直接碰触福尔马林。如不慎碰触，应速用清水冲洗。

3. 致突变作用

甲醛致癌尚无确切证明。一些动物实验研究指出，长期接触福尔马林可能致癌，因而甲醛为一种"疑似致癌物质"。微量甲醛在人体体内的代谢速度很快，且残留性不强，约35%可代谢为甲酸，在尿液中以甲酸盐类的形态排出，其余65%可继续代谢为二氧化碳和水排出。甲醛有可能造成细胞变性，且细菌、人体分离细胞或动物细胞基因突变测试呈阳性反应，也不能排除甲醛有致生物畸形的可能。虽然这些甲醛对人体有害的证据还需要进一步确认，但在标本制作过程中做好呼吸道和皮肤的防护是非常重要的。

四、甲醛的用途

（一）工业应用

甲醛是用途广泛、生产工艺简单、原料供应充足的大众化工产品，是甲醇下游产品树中的主干，世界年产量在 2500 万吨左右，30%左右的甲醇都用来生产甲醛。但甲醛是一种浓度较低的水溶液，从经济角度考虑，不便于进行长距离运输，所以一般都在主消费市场附近设厂生产，进出口贸易也极少。甲醛除可以直接用作消毒、杀菌、防腐等外，还主要用于有机合成、合成材料、涂料、橡胶、农药等行业，其衍生产品主要有多聚甲醛、聚甲醛、酚醛树脂、脲醛树脂、氨基树脂、乌洛托产品及多元醇类等。

（二）木材工业

在木材工业中，甲醛与尿素按一定摩尔比混合进行反应可以生产脲醛树脂及酚醛树脂。

服装在树脂整理过程中要涉及甲醛的使用。生产服装面料时，为达到防皱、防缩、阻燃等作用，或为保持印花、染色的耐久性，或为改善手感，就需在助剂中添加甲醛。纯棉纺织品使用的甲醛印染助剂比较多，因为纯棉纺织品容易起皱，使用含甲醛的助剂可以提高棉布的硬挺度。人们在穿着和使用含有甲醛的纺织品过程中，会逐渐释放出游离甲醛，通过人体呼吸道及皮肤接触引发呼吸道炎症和皮肤炎症，还会对眼睛产生刺激，以及引发过敏。

（三）在生物塑化工艺中的作用

1868 年，冯·霍夫曼（August Wilhelm von Hofmann）在闻到甲醛蒸气和烧热铂卷的混合气体后，首次发现了甲醛气体。这种无色伴有特殊刺激性气味的气体，可以消灭许多传播疾病的微生物、有效消灭导致腐败的酶、与蛋白质发生作用形成不溶解的化合物防止腐败等。从那时起，福尔马林成为防腐液中最常见的防腐成分。

福尔马林防腐剂的优点主要有以下几个方面。

（1）易溶于水、渗透力较强、组织收缩小。

（2）组织颜色保存较好、价格低廉。

（3）可以阻止细胞核蛋白的合成，抑制细胞分裂及抑制细胞核和细胞质的合成，导致微生物的死亡。可以有效地杀死细菌繁殖体，也可以杀死芽孢（如炭疽芽孢）及抵抗力强的结核杆菌、病毒。

（4）福尔马林是一种有效的消毒剂，曾用于外科手术器械的消毒。

如果单纯用福尔马林做保存液，其浓度为 35%～40%，个别情况可用 45%，具体浓度的大小依标本的大小确定。原则上，小标本的浓度低，大标本的浓度高。常用的保存液浓度大致与固定液相同。

福尔马林是生物塑化标本最佳的固定剂和防腐剂。由于甲醛易溶于水、渗透力较强、组织收缩小，而且在脱水、脱脂环节易被丙酮脱掉，因此可以使标本的质地和颜色达到最佳。

五、甲醛的检测方法

（一）全能检测剂法

检测剂遇到甲醛、苯系物等在反应过程中会发生颜色变化，肉眼就可以辨别污染程度及有无的情况。这种检测方法优点就是操作简单、方便、安全、易用。

（二）分光光度法

分光光度法是基于不同分子结构的物质对电磁辐射的选择性吸收而建立的一种定性、定量分析方法，是检测居室、纺织品、食品中甲醛最常规的一种方法。涉及的方法有乙酰丙酮法、酚试剂法、4-氨基-3-联氨-5-巯基-1,2,4-

三氮杂茂（AHMT）法、品红-亚硫酸法、变色酸法、间苯三酚法、催化光度法等，每种检测方法偏重的应用领域不同，各有优点和局限性。

（三）乙酰丙酮法

乙酰丙酮法是指在过量铵盐存在下，甲醛与乙酰丙酮通过 45～60℃水浴30min 或在 25℃室温下经 2.5h 反应生成黄色化合物，然后比色定量分析甲醛含量。甲醛与乙酰丙酮反应的特异性较好，干扰因素少，酚类和其他醛类共存时均不干扰，显色剂较稳定，检出限为 0.25mg/L，测定线性范围较宽，适合高含量甲醛的检测，多用于测定居室和水发食品中的甲醛含量。但在测定水发食品中的甲醛含量时，需要将样品中的甲醛在磷酸介质中加热蒸馏出来，经水溶液吸收、定容后再检测，操作过程复杂、耗时。

（四）酚试剂法

酚试剂法（MBTH 法）中，甲醛与酚试剂（3-甲基-2-苯并噻唑腙盐酸盐）反应生成嗪，嗪在酸性溶液中被铁离子氧化成蓝色，室温下 15min 后显色，然后可以比色定量。酚试剂法操作简便，灵敏度高，检出限为 0.02mg/L，较适合测定微量甲醛。但脂肪族醛类也有类似的反应，对测定会有干扰，二氧化硫对测定也有一定的干扰，使结果偏低，所以在测定吊白块时要慎用此方法。酚试剂的稳定性较差，显色剂 MBTH 在 4℃冰箱内仅可以保存 3 天，显色后吸光度的稳定性也不如乙酰丙酮法，显色受时间与温度等的限制。本法多用于检测居室中的甲醛含量，测定纺织品和食品中的甲醛含量有时也使用该方法。

（五）AHMT 法

AHMT 法中，甲醛与 AHMT 在碱性条件下缩合，经高碘酸钾氧化成紫红色化合物，然后比色定量检测甲醛含量。本法的特异性和选择性均较好，在大量乙醛、丙醛、丁醛、苯乙醛等醛类物质共存时不干扰测定，检出限为 0.04mg/L。但 AHMT 法在操作过程中的显色随时间推移而逐渐加深，标准溶液的显色反应和样品溶液的显色反应时间必须严格统一，重现性较差，不易操作，多用于检测居室中的甲醛含量。

六、环境数据及废水处理

（一）环境数据

在化学需氧量（COD）为 1.07～1.56g/g、生化需氧量（BOD）为 0.6～1.07g/g 的环境中，当甲醛浓度 135～175mg/L 时，甲醛对好氧降解微生物有抑制作用，当甲醛浓度＞100mg/L 时，甲醛对厌氧降解微生物有抑制作用。生态毒性半致死浓度（LC_{50}）为 100～300mg/L（48h）、173mg/L（96h），对鱼的 LC_{50} 为 10～100mg/L（96h）。环境中的甲醛，除了生产或应用甲醛时会产生甲醛外，烃类在对流层的氧化过程中也会产生甲醛，大气中的甲醛可以被光化学催化引起的羟基游离基降解，半衰期为41h。此外，甲醛还可以在日光下吸收紫外光而被降解，半衰期为6h，降解过程中可以产生氢离子和一氧化碳或 HCO·游离基。甲醛在土壤中的迁移性较大，在自然水体中可以很快地在好氧或厌氧情况下降解。甲醛可以用活性污泥有效地进行处理。用鱼及虾进行实验的结果表明，甲醛的生物富集性较小。

（二）废水处理

1. 回收法

废水中的甲醛可以和氨水作用生成乌洛托品，乌洛托品较易生化处理，且毒性较低。产生的乌洛托品可以用活性炭或强酸性离子交换树脂吸附去除。将模拟的 50mg/L 乌洛托品废水用强酸性树脂处理，出水的 COD 可以从 43.6mg/L 降至 7.5mg/L。

回收利用是比较经济的废水处理方法，主要用于处理高浓度的甲醛废水。例如，含 0.1%～20%的甲醛溶液可以加入足量的甲醇（甲醛摩尔量的 4 倍），然后用硫酸调整 pH 低于 4，蒸馏回收二甲氧基甲烷及未反应的甲醇，甲醛以缩醛的形式回收，其反应方程式为：

$$HCHO + 2CH_3OH \rightleftharpoons CH_2(OCH_3)_2 + H_2O$$

对含甲醛（另含甲酸）的废水也可以用类似的方法回收。例如，1L 废水中含甲醛4%、硫酸12%、甲酸15%，可以在其中加入甲醇，经加热蒸馏可回收二甲氧基甲烷、甲酸甲酯及未反应的甲醇等，残余液中的甲醛含量可低于0.005%，甲酸与甲醇的反应为：

$$HCOOH + CH_3OH \rightleftharpoons HCOOCH_3 + H_2O$$

经上述处理后，废水的毒性大大下降，对大肠杆菌和水蚤已基本无毒。

2. 缩合法或转化法

在含甲醛及甲醇的废水中加入硫酸可使 pH 降为 3～6.5，然后进行蒸馏，蒸出水、甲醇、甲醛组分，再精馏甲醇，残余液中加入氢氧化钙在 pH 9.5～10.5下进行醇醛缩合反应。

利用缩合法处理含甲醛废水可以分为两大类。第一类为在催化剂的存在下自身缩合聚合，第二类是用其他缩合剂进行处理。

甲醛在碱性条件（pH 为 8～11）下加热可以发生树脂化反应。这种聚合反应可以被用来处理含甲醛的废水，去除率可高于 96%。例如，在生产聚氧化甲烯（CH_2O）$_n$ 时产生的含甲醛废水，用氢氧化钙在温度 60℃下经 20min 反应可以消除废水中的甲醛。此反应可被葡萄糖（2.8～10g/L）催化，使反应时间缩短一半。经红外光谱及核磁共振技术证明，反应产物具有碳水化合物的结构，并认为甲醛在这种情况下已被全部除去了，可以排向自然界水体。

钙离子及镁离子对去除甲醛有特殊作用。例如，将含甲醛10 000mg/L、甲醇3000mg/L 及甲酸200mg/L 的废水与350mg/L Mg^{2+}混合，并在压力 17kg/cm^2、100～200℃下加热2h，COD 值可由约 17 000mg/L 降至约 2000mg/L。

用石灰可以将高的甲醛浓度降至可以生化处理的范围内。高的温度可以提高甲醛去除速率，但从经济上考虑，可以在室温下进行，去除率同样可达到99%。去除过程可以分为两个阶段。在第一阶段，甲醛的去除速率较低，而在第二阶段，可以将 2/3 的甲醛去除，所需时间仅为第一阶段的 1/3。用氧化钙混合氧化镁造粒成 0.5～10mm 的颗粒或制成片剂，可以用来处理甲醛废水，使废水中的甲醛转化成无毒及易生化降解的甲醛聚糖。现已证明，在石灰催化下聚合得到的己糖是无毒的，完全可以作为生物处理中微生物所需的碳源。

对含有甲醛及聚乙烯醇的废水，可以在废水中加入尿素，经加热形成尿素-甲醛-聚乙烯醇聚合物树脂，再经沉淀去除。

含甲醛废水还可以用石灰氮［碳氮化钙（$CaCN_2$）］进行处理。例如，含 1.3%甲醛废水（另含有甲醇及甲醛缩二甲醇）可以用碳氮化钙进行处理，用乙酸进行酸化后加入氢氧化钠，加热至 80℃后过滤，滤液中的甲醛含量可降至 30mg/L。

废水中的甲醛可在酸性催化剂（如盐酸或硫酸）的存在下加入尿素使之沉降而去除。例如，氨基树脂生产废水中含甲醛 29.12g/L，可加入 2.45g 浓硫酸及 29g 尿素，并在 95℃下反应，生成沉淀除去。甲醛的去除率可达 98.6%。

在废水中加入碳氮化钙或尿素、硫脲、胍、双氰胺、氨基胍等含氨基化合物，再在碱土金属氢氧化合物或锡、铅或锌的氢氧化合物的存在下可去除甲醛。例如，含 1.3%甲醛（另含甲醇及二甲氧基甲烷）的废水先用碳氮化钙处理，经乙酸酸化后加入氢氧化钠，加热到 80℃后过滤，出水中甲醛含量可降至 30mg/L。

3. 吸附法

甲醛可被用氢氧化铝活化的膨润土、磷石膏或珍珠岩吸附。含甲醛废水可用常规的活性炭吸附去除。为了提高其吸附能力，活性炭可用芳伯胺进行预处理，在 pH 为 7～14 时，废水中的甲醛易被这种吸附剂去除。例如，含有 360mg/L 的甲醛废水，在 pH 为 9 时通过含有 0.4g 邻苯二胺的活性炭，流速为 0.83mL/min，可获得无甲醛的废水，使用过的活性炭可用 0.05mol/L 硫酸再生。

4. 氧化还原法

（1）气相净化法。在 1.5MPa 压力、212℃下，以 0.5% 铂/γ-Al_2O_3 做催化剂使甲醛降解，效果较好，其他的催化剂（如 30% Cu/γ-Al_2O_3、40% $CuCr_2O_4$/γ-Al_2O_3）则只有低于 70%的氧化降解。

（2）湿式氧化法。例如，某废水含甲醛 10g/L、甲醇 3g/L、甲酸 0.1g/L，与 350mg/L 镁盐混合，并在 pH≥10、温度为 100～200℃、压力为 1.7MPa 下加热 2h，甲醛即可被空气氧化，COD 值从原有的 17g/L 降到 2g/L，除镁盐外，也可用钙盐催化。

5. 生化法

含甲醛的废水可以用厌氧酸化-SBR 系统进行处理。SBR 是序列间歇式活性污泥法（sequencing batch reactor activated sludge process）的简称，是一种以间歇曝气方式来运行的活性泥水处理技术。在该系统中，甲醛可以在中温的条件下进行催化酸化并在好氧阶段做进一步水解。甲醛的去除率为 98%，COD 的去除率>90%，BOD 负荷为 0.04～0.08kg/(kg 污泥·d)，甲醛负荷为 0.011～0.022kg/(kg 污泥·d)，厌氧阶段反应时间为 16h，而好氧阶段反应时间为 11h。

在用 SBR 法处理甲醛废水时，甲醛的浓度不要超过 300mg/L，但短时间浓度达到 1000mg/L 不会对系统造成不良影响。从海水中分离出的名为"DM-2"的菌株可以在含 3%氯化钠的废水中分解甲醛。当甲醛的浓度低于 1g/L 时，对活性污泥不会产生不良影响。在实验室内，用 SBR 法可以使 600～2000mg/L 的甲醛浓度降低到 0～15mg/L。在活性污泥中，其主要的降解微生物是绿脓杆菌，处理的效果受温度的影响较大，在温度分别为 15℃、10℃、8℃、6℃时的生物降解速率分别为 20℃时的 83%～89%、69%、58%～63%及 51%～54%。在这些微生物的作用下，经过 16h 的曝气[①]，甲醛含量可低于 0.5mg/L。

为降低甲醛对生化处理的环境毒性，可加入尿素、磷酸或氯化铵，处理后可排至城市污水处理系统。生物降解甲醛宜在 pH 6 下进行，并应加入葡萄糖类的碳源。

此外，含有甲醛的废水或废气可以用假单胞菌（也称绿脓杆菌，*Pseudomonas putida* J3）菌株进行处理。该菌株对甲醛具有较强的耐受力，甲醛在废水中的浓度可允许达到80mmol/L，并可以甲醛作为唯一碳源进行代谢。这是由于假单胞菌含有甲醛歧化酶，可以使甲醛歧化成甲醇及甲酸。并且，这种菌种也适用于生物滴滤池系统，可以用来处理工业废水及城市污水，并且对环境安全。

第二节　丙　　酮

丙酮（acetone）的别称有二甲基酮、二甲基甲酮、二甲酮、醋酮、木酮，化学式为 CH_3COCH_3，分子量为 58.08，危险品运输编号为 31025。丙酮在工业上主要作为溶剂用于炸药、塑料、橡胶、纤维、制革、喷漆等行业中，也可作为合成烯酮、乙酐、碘仿、聚异戊二烯橡胶、甲基丙烯酸甲酯、氯仿、环氧树脂等物质的重要原料。并且，丙酮也可以作为脱水剂、脱脂剂应用在生物塑化技术中。

一、物理和化学性质

（一）物理性质

1. 外观与性状

丙酮为无色透明的易流动液体，有芳香气味，极易挥发。

---

① 指将空气中的氧强制向液体中转移的过程，目的是获得足够的溶解氧。

2. 熔点和沸点

丙酮的熔点为-94.9℃（178.25K），15℃时密度为 0.80 克/厘米 ^{3}，相对蒸气密度为 2.0（空气的相对蒸气密度为 1）。沸点为 56.5℃（329.65K），饱和蒸气压 53.2kPa（39.5℃）。

3. 燃烧性和闪点

丙酮易燃，燃烧分解物为一氧化碳、二氧化碳。闪点为-18℃，易制爆。爆炸上限为 13.0%（体积分数，下同），下限为 2.5%，引燃温度（自燃点）为 465℃。禁忌物为强氧化剂、强还原剂、碱。

4. 密度

在 25℃时 100%（质量分数）丙酮溶液的相对密度约为 0.786。丙酮溶液的密度可以用丙酮计（acetonemeter）进行测量。这种丙酮计本身是一种比重计，是一个两端封闭的玻璃管。将丙酮计放在丙酮溶液内可以根据比重计浸入丙酮溶液的深度读取丙酮溶液的密度，进而换算出浓度。这时测出的丙酮溶液浓度是体积分数。丙酮溶液的密度越小，比重计浸入的部分就越多。丙酮计的测量结果会受到温度变化的影响，夏季和冬季大约会有 5%的差别。测定时，操作者需要注意根据测量时的温度进行调整（表 3-1）。通常我们在 20℃室温状态测量丙酮溶液的浓度。

表 3-1　丙酮溶液浓度相对密度测定表

丙酮质量分数/%	相对密度（15℃）	相对密度（20℃）	相对密度（25℃）
100.0	0.797 26	0.791 97	0.786 30
99.9	0.797 53	0.792 28	0.786 62
99.8	0.797 80	0.792 59	0.786 93
99.7	0.798 07	0.792 90	0.787 25
99.6	0.798 34	0.793 21	0.787 56
99.50	0.798 61	0.793 52	0.787 88
99.40	0.798 87	0.793 83	0.788 19
99.3	0.799 14	0.794 14	0.788 51
99.2	0.799 41	0.794 45	0.788 82
99.1	0.799 68	0.794 76	0.789 14
99.0	0.799 95	0.795 07	0.789 45
98.9	0.800 22	0.795 38	0.789 77
98.8	0.800 49	0.795 69	—

续表

丙酮质量分数/%	相对密度（15℃）	相对密度（20℃）	相对密度（25℃）
98.7	0.800 76	0.796 00	—
98.6	0.801 03	0.796 31	—
98.5	0.801 30	0.796 62	—
98.4	0.801 56	0.796 93	—
98.3	0.801 83	0.797 24	—
98.2	0.802 10	0.797 55	—
98.1	0.802 37	0.797 86	—
98.0	0.802 64	0.798 17	—
97.0	0.805 33	0.801 27	—
96.0	0.808 02	0.804 37	—
95.0	0.810 71	0.807 47	—
94.0	0.813 40	0.811 04	—
93.0	0.816 09	0.814 32	—
92.0	0.818 78	0.817 95	—
91.0	0.821 47	0.821 94	—
90.0	0.824 16	0.845 73	—

（二）化学性质

丙酮可以与水和脂类混溶，可混溶于乙醇、乙醚、氯仿、油类、烃类等多数有机溶剂。丙酮的这一特性使得其可以成为生物塑化技术中理想的中介溶剂，既可以用于脱水脱脂，也可以和高分子聚合物融合。

丙酮是脂肪族酮类的代表性化合物，可以发生酮类的典型反应。例如，丙酮可以与亚硫酸氢钠反应生成无色结晶的加成物，与氰化氢反应生成丙酮氰醇，在还原剂的作用下生成异丙醇与频哪醇。丙酮对氧化剂比较稳定。在室温下，丙酮不会被硝酸氧化。用酸性高锰酸钾强氧化剂做氧化剂时，丙酮反应生成乙酸、二氧化碳和水。在碱存在下，丙酮发生双分子缩合，生成双丙酮醇。2mol 丙酮在各种酸性催化剂（盐酸、氯化锌或硫酸）存在下生成亚异丙基丙酮，再与 1mol 丙酮加成，生成佛尔酮（二异亚丙基丙酮）。3mol 丙酮在浓硫酸作用下，脱 3mol 水生成 1,3,5-三甲苯。在石灰、醇钠或氨基钠存在下，丙酮缩合生成异佛尔酮（3,5,5-三甲基-2-环己烯-1-酮）。在酸或碱存在下，丙酮与醛或醇发生缩合反应，生成酮醇、不饱和酮及树脂状物质。丙酮与苯酚在酸性条件下缩合成双酚 A。丙酮的 α-氢原子容易被卤素取代,生成 α-卤代丙酮。丙酮与次卤酸钠或卤素的碱溶液作用生成卤仿。丙酮与格氏试剂发生加成作用,加成产物水解得到叔醇。丙酮与氨及其衍生物(如羟氨、肼、苯肼等)也可以发生缩合反应。此外,丙酮在 500～1000℃时发生裂解,生成乙烯酮。在 170～260℃时,丙酮在硅-铝催化剂的作用下生成异丁烯和乙醛;在 300～350℃ 时,丙酮在硅铝催化剂作用下生成异丁烯和乙酸等。丙酮不能被银氨溶液、新制氢氧化铜等弱氧化剂氧化,但可催化加氢生成醇。

二、用途

(一)工业用途

丙酮可以用于制取甲基丙烯酸甲酯、双酚 A、二丙酮醇、己二醇、甲基异丁基酮、甲基异丁基甲醇、佛尔酮、异佛尔酮、氯仿、碘仿等重要有机化工原料。在涂料、醋酸纤维纺丝过程、炼油工业脱蜡等方面用作优良的溶剂。

在油脂等工业中,丙酮还被用作提取剂。由于丙酮具有良好的脱脂和脱水作用,它在生物塑化标本制作过程中被用作标本的脱水剂和脱脂剂。

(二)在生物塑化工艺中的作用

1. 脱脂脱水作用

生物塑化标本制作过程中需要将标本组织中的水和脂肪脱去,而且脱水和脱脂是否彻底将直接影响标本的质量。由于丙酮具有良好的脱水和脱脂作用,在生物塑化标本制作过程中常首选丙酮作为标本的脱水剂和脱脂剂。为防止脱水脱脂过快造成标本组织干瘪和失去弹性,通常采用梯度、低温的方法进行。

2. 高分子多聚物的置换

用硅橡胶或聚酯树脂、环氧树脂等高分子材料在真空状态下进行标本浸渗是生物塑化工艺的重要环节,目的是将组织细胞中含有的丙酮与硅橡胶等高分子材料进行置换,使组织细胞中的丙酮释放出来,高分子材料进入组织细胞中。由于高分子材料的分子量大、进入组织缓慢,而丙酮在低温情况下的释放速率小,因此要采用真空低温的方法,同时控制丙酮的释放速率,使高分子材料与丙酮充分置换,以保证高分子材料可以充分进入标本的组织中。

三、使用注意事项

（一）危害性

1. 急性中毒

主要表现为，丙酮对中枢神经系统有麻醉作用，会使人出现乏力、恶心、头痛、头晕、易激动的状况，重时会出现呕吐、气急、痉挛甚至昏迷。丙酮对眼、鼻、喉有刺激性。口服丙酮后，口唇、咽喉先有烧灼感，后出现口干、呕吐、昏迷、酸中毒和酮症。

2. 慢性影响

长期接触丙酮会使人出现眩晕、灼烧感、咽炎、支气管炎、乏力、易激动等。皮肤长期反复接触丙酮可致皮炎。

3. 燃爆危险

丙酮易燃，具有刺激性。因此要严格避免丙酮的泄漏和洒落，当丙酮与空气混合的体积比达到2%～3%时，容易发生爆炸，因此保证工作场所的空气流通十分重要。

（二）急救措施

（1）皮肤接触。脱去被污染的衣服，用肥皂水和清水彻底冲洗皮肤。

（2）眼睛接触。提起眼睑，用流动清水或生理盐水冲洗或就医。

（3）吸入。迅速撤至空气新鲜处，保持呼吸通畅。如果吸入者感到呼吸困难，则需要做输氧处理；如果吸入者呼吸停止，则要立即进行人工呼吸并送医。

（4）食入。饮足量温水，催吐，立即就医。

（三）消防知识

丙酮蒸气与空气可形成爆炸性混合物，遇明火、高热极易燃烧爆炸。丙酮与氧化剂能发生强烈反应。丙酮蒸气比空气重，可以在较低处扩散到很远的地方，遇火源会着火回燃。丙酮燃烧后产生的有害燃烧产物主要是一氧化碳、二氧化碳。丙酮容器若遇高热，会内压增大，有开裂和爆炸的危险，此时应立即将容器从火场移至空旷处，喷水保持火场容器冷却，直至灭火结束。如果处在火场中的丙酮容器已经变色或可以听到从安全泄压装置中发出的声音，则所有人员必须马上撤离现场。

灭火时，需要采用抗溶性泡沫、二氧化碳、干粉、砂土灭火剂，用水灭火无效，此点尤需注意。

（四）泄漏应急处理

发生泄漏时，应迅速将泄漏污染区内的人员撤至安全区，并进行隔离，严格限制其出入；切断火源；应急处理人员佩戴自给正压式呼吸器，穿防静电工作服；尽可能切断泄漏源，防止泄漏物流入下水道、排洪沟等限制性空间。

发生小量泄漏时，可以用砂土或其他不燃材料吸附或吸收，也可以用大量水冲洗，用水稀释后排入废水系统。

发生大量泄漏时，应构筑围堤或挖坑收容；用泡沫覆盖，降低蒸气危害；用防爆泵将泄漏物转移至槽车或专用收集器内，回收或运至废物处理场所处置。

（五）操作注意事项

（1）密闭操作，全面密封。操作人员必须经过专门培训，严格遵守操作规程。操作人员佩戴过滤式防毒面具（半面罩），戴安全防护眼镜，穿防静电工作服，戴橡胶耐油手套。远离火种、热源，工作场所严禁吸烟。

（2）使用防爆型的通风系统和设备。防止蒸气泄漏到工作场所的空气中。在将丙酮由一个容器倒入另一个容器中时，为避免静电产生火星，要在容器上连接静电导线。用真空泵进行丙酮更换时，一定要使用防爆真空泵。

（3）避免与氧化剂、还原剂、碱类接触。灌装时应控制流速，且设有接地装置，防止静电积聚。

（4）搬运时要轻装轻卸，防止包装及容器损坏。配备相应品种和数量的消防器材及泄漏应急处理设备。倒空的容器可能残留有害物，应密封好以防止泄漏。

（5）在操作低温丙酮时，要注意做好工作人员的保温措施，避免冻伤。

（6）所有丙酮容器上都要有"易燃"或"危险"标签。

（7）远离会产生火星的设备。要注意，丙酮蒸气比空气重，而低温冰柜的压缩机通常会产生火星。

四、法律法规

修订后的《危险化学品安全管理条例》(2011 年 2 月 16 日国务院常务会议修订通过)、《化学危险物品安全管理条例实施细则》(化劳发〔1992〕677 号)、《工作场所安全使用化学品规定》(劳部发〔1996〕423 号)等法规针对危险化学品的安全使用、生产、储存、运输、装卸等均做了相应规定;《化学品分类和危险性公示通则》(GB 13690—2009)将丙酮划为第 3.1 类低闪点易燃液体。

五、运输与储存

(一)运输方式

(1)运输丙酮时,运输车辆应配备相应品种和数量的消防器材及泄漏应急处理设备。夏季最好于早晚运输。运输丙酮时所用的槽(罐)车应有接地链,槽内可设孔隔板以减少震荡产生静电。

(2)严禁与氧化剂、还原剂、碱类、食用化学品等混装混运。

(3)运输途中应防曝晒、雨淋,防高温。中途停留时应远离火种、热源、高温区。

(4)装运丙酮的车辆排气管必须配备阻火装置,禁用易产生火花的机械设备和工具装卸。

(5)公路运输丙酮时要按规定路线行驶,勿停留在居民区和人口稠密区。铁路运输丙酮时要禁止溜放。严禁用木船、水泥船散装运输丙酮。

(二)储存方法

(1)丙酮具有高度易燃性,有严重火灾危险,属于甲类火灾危险物质。丙酮应储存于阴凉干燥、良好通风处,远离热源、火源和有禁忌的物质。所有容器应放在地面上。久储和回收的丙酮溶液常含有酸性杂质,对金属有腐蚀性。

(2)用 200L(53USgal)铁桶包装,每桶净重 160kg,铁桶内部应清洁、干燥。储存于干燥、通风处,温度保持在 35℃以下,装卸、运输时防止猛烈撞击,防止日晒雨淋。按防火防爆化学品规定储运。

(3)储存注意事项:储存于阴凉、通风良好的专用库房内,远离火种、热源。库温不宜高于 29℃。保持容器密封。应与氧化剂、还原剂、碱类分开存放，切忌混储。采用防爆型照明、通风设施。禁止使用易产生火花的机械设备和工具。储区应备有泄漏应急处理设备和合适的收容材料。

第三节　三　氯　甲　烷

三氯甲烷（trichloromethane）的别名为氯仿，分子式为$CHCl_3$，分子量为119.38，化学品类别为有机物-烃的衍生物。三氯甲烷为无色透明液体，有特殊气味；高折光，不燃，质重，易挥发；纯品对光敏感，遇光照会与空气中的氧气发生反应，逐渐分解而生成剧毒的光气（碳酰氯，$COCl_2$）和氯化氢。使用时，可加入0.6%~1%乙醇做稳定剂，可以与乙醇、苯、乙醚、石油醚、四氯化碳、二硫化碳和油类等混溶。三氯甲烷（易制毒-2）根据修订后的《危险化学品安全管理条例》《易制毒化学品管理条例》受公安部门管制。

一、物理和化学性质

（一）物理性质

三氯甲烷为无色透明液体，极易挥发，有特殊气味；熔点为-63.5℃；相对密度为1.48（水=1）；沸点为61.2℃；相对蒸气密度为4.12（空气=1）；饱和蒸气压为13.33kPa（10.4℃）；临界温度为263.4℃；临界压力为5.47MPa；不溶于水，溶于醇、醚、苯。

（二）化学性质

（1）三氯甲烷不易燃烧，在光的作用下可以被空气中的氧气氧化成氯化氢和有剧毒的光气。故需保存在密封的棕色瓶中，常加入1%乙醇以破坏可能生成的光气。

（2）三氯甲烷在氯甲烷中易水解成甲酸和HCl，稳定性差，在450℃以上发生热分解，可以进一步氯化为CCl_4。

二、作用与用途

作为有机合成原料，三氯甲烷主要用于生产氟利昂、染料和药物。在医学领域，三氯甲烷常被用作麻醉剂。三氯甲烷可用作抗生素、香料、油脂、树脂、橡胶的溶剂和萃取剂。三氯甲烷与四氯化碳混合，可以制成不冻的防火液体，还可用作烟雾剂的发射药、谷物的熏蒸剂和校准温度的标准液。

三氯甲烷的工业产品中常加有少量乙醇，以使三氯甲烷遇空气生成的光气与乙醇反应生成无毒的碳酸二乙酯。使用三氯甲烷工业产品前，可加入少量浓硫酸振荡后水洗，再经氯化钙或碳酸钾干燥，即可得到不含乙醇的三氯甲烷。在生物塑化技术中，三氯甲烷主要用作脱脂溶剂，以使标本快速脱脂。

三、使用注意事项

（一）危害性

1. 健康危害

三氯甲烷主要作用于中枢神经系统，具有麻醉作用，对心、肝、肾有损害。

（1）急性中毒。人吸入或经皮肤吸收三氯甲烷会引起急性中毒。初期有头痛、头晕、恶心、呕吐、兴奋、皮肤湿热和黏膜刺激等症状，之后会呈现精神紊乱、呼吸表浅、反射消失、昏迷等。重者会发生呼吸麻痹、心室纤维性颤动，同时可伴有肝、肾损害。误服三氯甲烷中毒时，胃有烧灼感，伴恶心、呕吐、腹痛、腹泻，之后会出现麻醉症状。液态三氯甲烷可致皮炎、湿疹甚至皮肤灼伤。

（2）慢性影响。三氯甲烷主要会引起肝脏损害，并伴有消化不良、乏力、头痛、失眠等症状，少数有肾损害。

2. 环境危害

三氯甲烷对环境有危害，对水体可造成污染。

3. 燃爆危险

三氯甲烷不燃，有毒，为可疑致癌物，具有刺激性。

（二）急救措施

（1）皮肤接触。立即脱去被污染的衣服，用大量的流动清水冲洗至少 15min，并尽快就医。

（2）眼睛接触。立即提起眼睑，用大量的流动清水或生理盐水彻底冲洗至少 15min，并尽快就医。

（3）吸入。迅速撤至空气新鲜处，保持呼吸通畅。如果吸入者感到呼吸困难，则需要输氧；如果吸入者呼吸停止，则要立即进行人工呼吸并尽快送医。

（4）食入。饮足量温水，催吐，并尽快就医。

（三）消防知识

三氯甲烷与明火或灼热的物体接触时会产生剧毒的光气。在空气、水分和光的作用下，酸度会增加，因而对金属有强烈的腐蚀性。三氯甲烷燃烧时产生的有害燃烧产物是氯化氢、光气。

灭火时，消防人员必须佩戴过滤式防毒面具（全面罩）或隔离式呼吸器、穿全身防火防毒服，在上风向灭火。

灭火剂为雾状水、二氧化碳、砂土。

（四）泄漏应急处理

发生三氯甲烷泄漏时，应迅速将泄漏污染区的人员撤至安全区，并进行隔离，严格限制其出入。应急处理人员佩戴自给正压式呼吸器，穿防毒服，不直接接触泄漏物，尽可能地切断泄漏源。

发生小量泄漏时，可以用砂土、蛭石或其他惰性材料吸收。

发生大量泄漏时，应构筑围堤或挖坑收容，并用泡沫覆盖，以降低蒸气灾害。用泵将泄漏物转移至槽车或专用收集器内，回收或运至废物处理场所处置。

（五）操作处置与储存

（1）操作注意事项。密闭操作，局部排风。操作人员必须经过专门培训，严格遵守操作规程。操作人员佩戴直接式防毒面具（半面罩），佩戴化学安全防护眼镜，穿防毒物渗透工作服，佩戴防化学品手套。防止蒸气泄漏到工作场所的空气中。避免与碱类、铝接触。搬运时要轻装轻卸，防止包装及容器损坏。配备泄漏应急处理设备。倒空的容器可能残留有害物，需做特殊处理。

（2）储存注意事项。储存于阴凉、通风的库房。远离火种、热源。库温不高于30℃，相对湿度不超过80%。保持容器密封。应与碱类、铝、食用化学品分开存放，切忌混储。储区应备有泄漏应急处理设备和合适的收容材料。

四、环境数据和法规标准

在 COD 为 1.335g/g、BOD 为 0～0.02g/g 的环境中，当三氯甲烷的浓度＞125mg/L 时，三氯甲烷对好氧降解微生物有抑制作用。生态毒性 LC$_{50}$ 为 43 800μg/L（96h）。在大气中，三氯甲烷仅以气态的形式存在，可以被光化学催化所诱发的羟基游离基所降解，相应的半衰期为 151 天。在土壤中，三氯甲烷具有中等程度的迁移性，可以从干或湿的土壤表面通过挥发进入大气中。在一般的土壤环境中，三氯甲烷很难进行生物降解。但也有研究表明，在低浓度时，三氯甲烷可以在厌氧的条件下在甲烷菌的作用下，并在乙酸等基质的存在下进行生物降解。在水体中，三氯甲烷不易被悬浮固体及沉积物吸附，可以通过水体表面挥发进入大气中。从模拟河流及湖泊测试可知，其相应的半衰期分别为 1.3h 及 4.4 天。三氯甲烷的生物富集性较差。当水体中存在乙醇、腐殖质及含有—COCH$_3$、—CH(OH)CH$_3$ 结构的物质，遇到次氯酸钠或氯进行处理时，会产生三氯甲烷。当用特种的菌种并进行驯化培养，三氯甲烷可以进行很慢的生物降解。

法规标准 GBZ 201—2019《工业场所有害因素职业接触限值 第一部分：化学有害因素》规定了最高容许浓度，时间加权平均容许浓度（PC-TWA）为 20mg/m^3，GB 5749—2006 规定生活饮用水水质标准为 0.06mg/L；《污水综合排放标准》（GB 8978—1996）规定一级水质标准为 0.3mg/L，二级水质标准为 0.6mg/L，三级水质标准为 1.0mg/L。

（编写者：李慧有）

本章参考文献

程能林. 2015. 溶剂手册. 5 版. 北京：化学工业出版社.

樊能廷. 1992. 有机合成事典. 北京：北京理工大学出版社.

乔丽丽，乔瑞平. 2016. 含甲醛废水处理技术的研究进展. 煤化工，44（1）：32-34.

王积涛. 2001. 有机化学. 2 版. 天津：南开大学出版社.

王葳. 1979. 化工辞典. 2 版. 北京：化学工业出版社.

张维森. 2008. 有机溶剂职业病危害防护使用指南. 北京：化学工业出版社.

Cadogan J I G，Levy S V，Pattenden G，et al. 1996. Dictionary of Organic Compounds. 6th ed. London：Chapmann & Hall.

第四章　生物塑化技术常用设备

生物塑化工艺需要大量的设备支持，如脱水冰箱、浸渗冰箱、真空泵、丙酮回收冰箱、丙酮精馏设备、固化箱、带锯、水浴箱等。这些设备虽然多数可以在市场上采购到，但是由于生物塑化技术的工艺要求，许多设备都需要进行改造或定制。本章将介绍生物塑化技术中用到的各类设备的工作原理、设备构造及安全注意事项。

第一节　制 冷 设 备

在生物塑化工艺中，脱水、浸渗都常常需要在低温环境下完成。设备的制冷效果直接影响标本的质量。低温脱水及真空浸渗要求设备的最低制冷温度低达−25℃，而切割冷冻则要求设备的最低制冷温度低达−70℃。

一、制冷系统

现有的制冷技术包括蒸气压缩式制冷、蒸气吸收式制冷、蒸气喷射式制冷、吸附式制冷、空气膨胀制冷、热电制冷、涡流管制冷等，其中应用最为广且适合生物塑化工艺的制冷技术为蒸气压缩式制冷。

以下以蒸气压缩式制冷为例进行介绍。

（一）制冷系统的构成

蒸气压缩式制冷系统主要由压缩机、冷凝器、膨胀阀、蒸发器4部分结构组成，如图4-1所示。另外还有制冷剂、控制系统、管路、保护系统等配合工作。各个部件由管道连成密闭系统，制冷剂在蒸发器内与被冷却对象发生热交换，带走热量并气化。压缩机不断地将蒸气吸走，压缩后变成高温高压气体，在冷凝器内冷却，利用膨胀阀节流，节流后的低压低温气体进入蒸发器，再次吸热气化形成循环。各个系统需要紧密配合，才能保证制冷设备高效、稳定地运行。

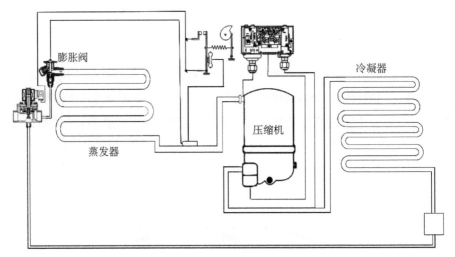

图 4-1　蒸气压缩式制冷系统

1. 压缩机

压缩机由电动机拖动而旋转，除了及时抽出蒸发器内的蒸气、维持低温低压外，还通过压缩作用提高制冷剂蒸气的压力和温度，创造将制冷剂蒸气的热量向外界环境介质转移的条件。即将低温低压制冷剂蒸气压缩至高温高压状态，以便可以用常温的空气或水做冷却介质来冷凝制冷剂蒸气。作为制冷系统重要组成部分，压缩机会在后文单独介绍。

2. 冷凝器

冷凝器是一个热交换设备，其作用是利用环境冷却介质（空气或水），将来自压缩机的高温高压制冷剂蒸气中的热量带走，使高温高压制冷剂蒸气冷却、冷凝成高压常温的制冷剂液体。

冷凝器在把制冷剂蒸气变为制冷剂液体的过程中，压力不变，仍为高压。根据冷却介质不同，冷凝器分为空气冷却式和水冷却式。中小型制冷设备的冷凝器大多为空气冷却式。空气冷却式冷凝器一般多为蛇管式,制冷剂蒸气在管内冷凝,空气在管外流过。根据空气运动方式的不同,又有自然对流式和强迫对流式之分。

（1）自然对流。自然对流空气冷却式冷凝器依靠空气受热后产生的自然对流,将制冷剂冷凝放出的热量带走。从结构上来说,自然对流空气冷却式冷凝器一般有百叶窗式、钢丝式、平板式 3 种。图 4-2 给出了 3 种冷凝器的外形图。这些冷凝器的冷凝管多由紫铜管或表面镀铜的特制钢管制成,管子的外径为 5~8mm,管外通常有各种形式的散热片。这种冷凝器的传热系数很小,只能适合小功率的制冷设备。

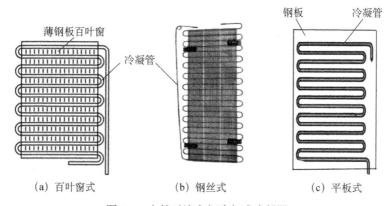

图 4-2　自然对流空气冷却式冷凝器

（2）强迫对流式。强迫对流空气冷却式冷凝器（图 4-3）通常由几根蛇形管并联在一起,做成长方体形,在其中一侧安装风机。制冷剂蒸气从上部的分配集管进入每根蛇形管中,凝结成的液体沿蛇形管下流,汇于液体集管中,然后流入储液器内。空气在风机的作用下从管外流过,从而较快地进行热交换。蛇形管一般用直径 10mm×（1~16）mm×1mm 的紫铜管制成。管外也都有散热片,而且多为套片式。

3. 膨胀阀（毛细管）

热力膨胀阀（图 4-4）可以控制液态制冷剂从冷凝器注入蒸发器。膨胀阀可以使蒸发器出口处的过热度保持在一定水平,防止液态制冷剂离开蒸发器进入压缩机。一旦液态制冷剂进入压缩机,便会发生液击。液击是指制冷剂因未能或未充分吸热蒸发,制冷剂液体或湿蒸气被压缩机吸入压缩机内的情况,可以在很短时间内造成压缩受力件的损坏。因此，必须防止这种状况发生。在小型制冷系统中，常使用盘曲起来的毛细管起到相似作用。

图4-3 强迫对流空气冷却式冷凝器

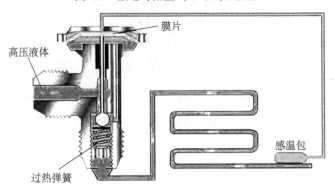

图4-4 膨胀阀

4. 蒸发器

蒸发器是一个热交换设备。节流后的低温低压制冷剂液体在其内蒸发（沸腾）变为蒸气，吸收被冷却物质的热量，使物质的温度下降，达到降温的目的。蒸发器内制冷剂的蒸发温度越低，被冷却物的温度也越低。

常见的蒸发器有翅片盘管式、铝板吹胀式、钢丝盘管式、单脊翅片管式4种类型。

生物塑化工艺用冰箱中，一般使用铜管盘曲在冰箱内胆的外壁，并使盘管紧贴外壁，再通过聚氨酯发泡的方式进行保温（图4-5）。

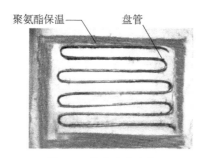

图 4-5　蒸发器的盘管

（二）制冷剂

制冷剂在制冷系统中通过物态变化起到热量传递的作用。常用制冷剂有二氯二氟甲烷（氟利昂-12）、二氟一氯甲烷（氟利昂-22）、R410A 等。

1. 二氯二氟甲烷（氟利昂–12）

氟利昂-12（CF_2Cl_2）的代号为 R12，是一种无色、无臭、透明、几乎无毒性的制冷剂，但在空气中含量超过 80% 时会引起人窒息，不会燃烧和爆炸，当与明火接触或温度超过 400℃ 时，会分解出对人体有害的氟化氢、氯化氢和光气，是应用较广的中温制冷剂，适用于中小型制冷系统，如电冰箱、冰柜等。

2. 二氟一氯甲烷（氟利昂–22）

氟利昂-22（CHF_2Cl）的代号为 R22。它不会燃烧和爆炸，毒性比 R12 稍大，在水中的溶解度虽比 R12 大，但仍可能使制冷系统发生"冰塞"现象。R22 可以与润滑油部分溶解，溶解度随着润滑油的种类及温度变化而改变，故采用 R22 的制冷系统必须有回油措施。

3. R410A

R410A 是一种新型环保制冷剂，工作压力为普通 R22 制冷剂的 1.6 倍左右，制冷效率更高。R410A 新冷媒由两种准共沸[①]的制冷剂混合而成。R410A 主要由氢、氟和碳元素组成，具有稳定、无毒、性能优越等特点。同时由于 R410A 不含氯元素，故不会与臭氧发生反应，不会破坏臭氧层。R410A 是国际公认的用来替代 R22 的最合适的冷媒。

---

① 准共沸是指两组分或多组分的制冷剂以特定比例混合时，在恒定压力下沸腾，其蒸气组成比例与溶液组成比例基本相同的现象。

（三）其他配套零部件

1. 储液器

在高压条件下，压缩后的制冷剂蒸气在冷凝器中凝结为液体制冷剂。离开冷凝器后，液体流经储液器。储液器主要有两个功能：①储液器对负荷变化造成的冷凝器液位变化进行补偿。当膨胀阀打开/关闭时，冷凝器的液位会发生改变。若储液器中没有"额外"的制冷剂，则膨胀阀前端的液体量就可能不足，使膨胀阀无法正常工作，造成整个系统变得不稳定。②作为一个额外的容器，储液器帮助液体制冷剂与制冷剂蒸气分离，确保离开储液器的是纯液体制冷剂。

2. 电磁阀

电磁阀（图4-6）是一种利用电磁力的阀门。它是一种开/关阀，根据通断电情况控制制冷剂的流动。电磁阀大致可以分为直动式电磁阀和伺服式电磁阀两类。直动式电磁阀的阀线圈通电时，电磁阀直接打开/关闭阀口。伺服式电磁阀通电或断电时，阀门打开引导阀口，使主阀口根据膜片/活塞的压差逐渐开闭。冷藏室的温度上升时，感温包内的压力上升到设定值，接通电源，从而打开电磁阀，允许制冷剂流入蒸发器。冷藏室的温度下降时，感温包内的压力下降到设定值。电磁阀断电并关闭，限制制冷剂流向蒸发器，使冷藏室的温度上升。

图4-6　电磁阀

3. 压力控制器

压力控制器属于保护元件，压力控制器可以防止进气压力（蒸发器压力）过低或排气压力（冷凝器压力）过高，以此控制和保护系统。压力控制器可以对排气压力和进气压力进行设置。若压力达到"高"设定值，则开关将打开触点；若压力落到"低"设定值以下，则开关也会打开触点。以保证压缩机及时停机，避免损坏。一般将高压控制器与低压控制器集合到一起构成双压控制器（图 4-7）。

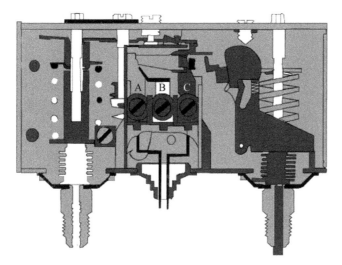

图 4-7　双压控制器

4. 油分离器

压缩机排放的制冷剂热气将带走压缩机内的油。有时候量太大，带走的油不再回到压缩机。为了防止发生这种情况，我们用油分离器（图 4-8）将制冷剂中的油分离出来，使之回到压缩机。油分离器的作用是将热气中的油分离出来，并通过自带的控制装置使油回到压缩机的集油槽。油分离器还可以防止油量不足，对压缩机具有保护作用。油分离器还可防止油积聚在管路狭窄、低垂的部位而降低效率，因而对制冷系统具有保护作用。油分离器把油从排放的制冷剂气体中分离出来，将油收集到分离器底部，可以防止油逸入制冷系统。油位升高时，浮球打开针阀，让油回到压缩机集油槽；油位下降时，浮球向下移动并关闭针阀。

5. 干燥过滤器

制冷系统内可能存在的其他异物（如水、金属氧化物和污垢）会降低系统的工作效率甚至使系统停止工作。我们用干燥过滤器（图 4-9）清除制冷剂中的这些异物，以确保系统更有效地工作。干燥过滤器的作用是防止制冷系统吸入有害物质。干燥过滤器可以清除制冷剂中的水分，从而防止膨胀阀的流口结冰。它还可以清除其他固体污染物、腐蚀物和酸。干燥过滤器可以清除异物颗粒，最大限度地防止系统中发生化学反应。

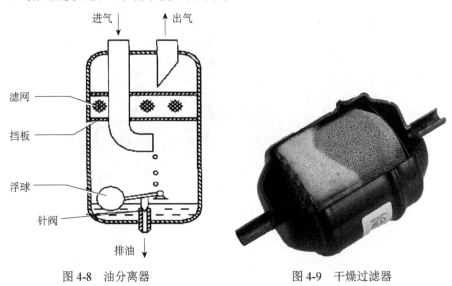

图 4-8　油分离器　　　　　　　　图 4-9　干燥过滤器

6. 视液镜

视液镜（图 4-10）的作用是观察制冷剂的液位，检测系统中干燥过滤器后端是否存在水汽，通常安装在干燥过滤器的后端。视液镜内的颜色指示器可以显示水汽含量。绿色表示制冷剂中不含水汽，黄色表示膨胀阀前端的液体管路中水汽含量太高。若透过视液镜见到气泡，则说明存在下列情况：干燥过滤器的压降太大，可能由阻塞所致；过冷度①不足；整个系统的制冷剂不足。

图 4-10　视液镜

---

①　过冷度是指冷凝器出口某一点的冷媒压力对应的饱和温度与冷媒实际温度之间的差值。过冷度的大小与冷却速率密切相关，冷却速率越快，过冷度就越大；反之，冷却速率越小，过冷度就越小。

7. 截止阀/球阀

截止阀/球阀（图 4-11）作为手动开关双向截止阀，用于制冷系统的液体、进气和热气管路。它们可以隔离制冷系统的部件，以便进行维修、诊断和测量。

图 4-11　截止阀

8. 压力调节阀

压力调节阀的作用是控制系统的压力水平，使系统在各种条件下更有效的工作。压力调节阀有蒸发压力调节阀、冷凝压力调节阀、吸气压力调节阀 3 种。

（1）蒸发压力调节阀（图 4-12）。蒸发压力调节阀可以将蒸发压力控制在预定水平。蒸发压力调节阀的主要作用是保持蒸发器内部压力恒定，因此它会根据蒸发器的负载情况打开和关闭。蒸发压力调节阀有一个压力表接口，用于设定所需的蒸发压力。

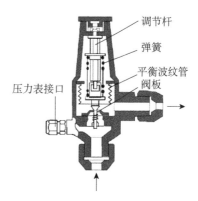

图 4-12　蒸发压力调节阀

（2）冷凝压力调节阀。冷凝压力调节阀（图 4-13）一般安装在冷凝器的冷却水管路上，根据冷凝压力的变化来调节冷却水的流量。它通过直接感应制冷剂循环的压力改变而调节阀门开启度，以便让足够的冷却水流过，从而节省冷却水。当制冷系统的冷凝压力增大时，冷凝压力阀门会自动开大，使较多的冷却水进入冷凝器，加快制冷剂的冷凝速率；反之，当冷凝压力下降时，冷凝压力阀门会自动关小，使进入冷凝器的冷却水减少，从而使冷凝压力保持在一定的范围内。

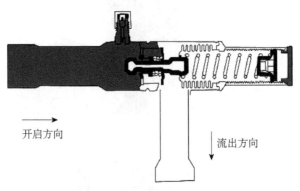

图 4-13　冷凝压力调节阀

冷凝压力调节阀可以和压差阀（图 4-14）一起使用。压差阀通常用在排气管路与储液器之间的热气管路中，目的是将储液器压力维持在一定水平。在内部弹簧力的作用下，压差阀在压差达到 1.4bar[①]时开始打开，达到 3bar 时完全打开。阀门的压差越大，其开合度也越大。

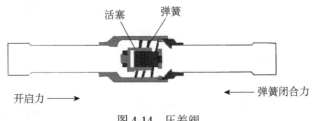

图 4-14　压差阀

（3）吸气压力调节阀。吸气压力调节阀（图 4-15）又称曲轴箱压力调节阀，安装在压缩机吸气管上面。吸气压力调节阀是设置在蒸发器出口和压缩机进口间的自动阀。吸气压力调节阀有直动式和导阀与主阀组合式。它调节的目的是避免压缩机在高吸气压力下运行，根据出口压力来调节蒸

① 1bar=0.1MPa。

气流量，以免压缩机进口的吸入压力超过规定的值，用于防止驱动压缩机的电动机过载。

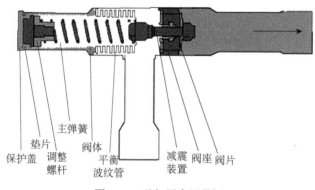

图 4-15 吸气压力调节阀

二、压缩机

压缩机在制冷系统中有极重要的地位，其性能直接决定了制冷系统的效率。

（一）压缩机的分类

1. 根据热力学原理分类

根据制冷蒸气的压缩热力学原理不同，可以把压缩机分为容积型和速度型两类。容积型压缩机根据机械部件的运动特点不同，可分为回转式压缩机和往复式（活塞式）压缩机。回转式压缩机根据机械结构不同，可以分为滚动转子式、滑片式、涡旋式、单螺杆式、双螺杆式等，而速度型压缩机几乎都是离心式（图 4-16）。

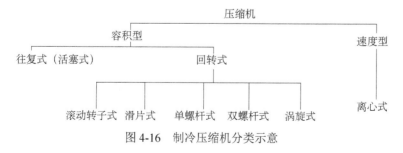

图 4-16 制冷压缩机分类示意

2. 根据密封结构分类

根据密封结构不同，压缩机可以分为开启式压缩机、半封闭式压缩机和全封闭式压缩机。

（二）各类压缩机的结构及工作原理

1. 全封闭（往复式）压缩机

全封闭（往复式）压缩机（图4-17）通过连杆将电动机和活塞连接起来，活塞在气缸内做往复运动，在吸气阀片和排气阀片的配合下完成对制冷剂的吸入、压缩、排气过程。

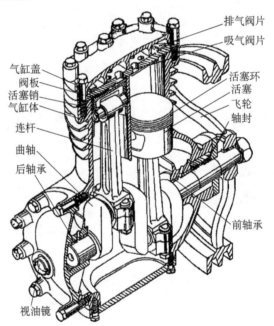

图4-17　全封闭（往复式）压缩机的结构示意

2. 全封闭（涡旋式）压缩机

全封闭（涡旋式）压缩机（图4-18）主要由动涡旋、静涡旋、曲轴、防自转环、机架等构成。两个涡旋偏心一定距离相对旋转180°插在一起，两个涡旋盘上的涡旋齿形成多个啮合点，形成多组月牙形工作腔容积。随着主轴旋转，多个啮合点沿着涡旋齿齿壁由外向内连续移动，工作腔容积由大变小，形成封闭腔容积的周期性变化，实现气体的吸入、压缩、排出过程（图 4-19）。

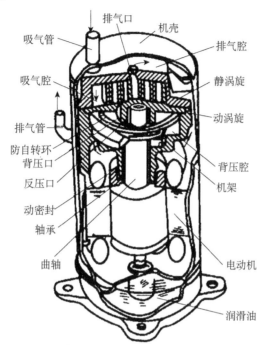

图 4-18　全封闭（涡旋式）压缩机的机械结构

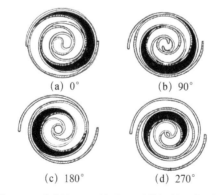

(a) 0°　　　　　(b) 90°

(c) 180°　　　　(d) 270°

图 4-19　全封闭（涡旋式）压缩机的工作过程

3. 半封闭（往复式）压缩机

半封闭（往复式）压缩机（图 4-20）通过电动机带动曲轴，使活塞上下往复运动，通过阀片的配合，完成吸气、压缩、排出的过程。

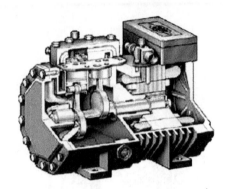

图 4-20　半封闭（往复式）压缩机的结构

开启式压缩机的主轴伸出曲轴箱外，通过带轮或联轴器由电动机驱动，因此必须装有轴封，以免制冷剂向外泄漏。但是轴封的封闭面有磨损就会造成制冷剂泄漏，增加了维护的困难。为了克服这些缺点，人们制造出半封闭（往复式）压缩机，适合用在中型制冷装置中。半封闭（往复式）压缩机和电动机共用一根轴，就不需要轴封装置，避免了轴封处的制冷剂泄漏。半封闭（往复式）压缩机在维修时可拆卸，其密封面以法兰连接，用垫片或垫圈密封。这些密封面虽然是静密封面，但也难免会产生泄漏，因而被称为半封闭（往复式）压缩机。

这种压缩机的主轴由两个主轴承支撑，电动机的转子是悬臂式的，安装在轴的一端，压缩机的吸气腔与曲轴箱及电动机的机壳完全相通，低压氟利昂蒸气先进入电动机的机壳内，然后再进入压缩机的吸气腔。由于从蒸发器来的是低温制冷剂蒸气，它流经电动机内部时会吸收电动机发出的热量，从而控制电动机的温升。

4. 滚动转子式压缩机

滚动转子式压缩机（图 4-21）的转子沿气缸内壁滚动，与气缸间形成一个月牙形的工作腔。滑片靠弹簧的作用力使其端部与转子紧密接触，将月牙形工作腔隔为两个部分，滑片随转子的滚动沿滑片槽道做往复运动。压缩机外壳端盖与气缸内壁、活塞、滑片及活塞与气缸切线（点）构成封闭的气缸容积——基元容积。基元容积随转子转角变化，是转子转角 θ 的函数。容积内的气体压力随基元容积大小而改变，从而完成压缩机的工作过程。

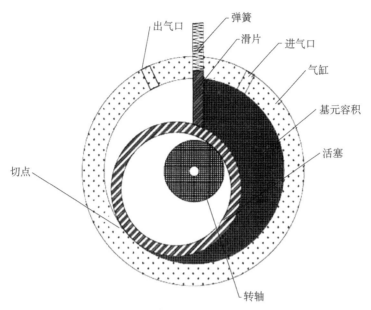

图 4-21 滚动转子式压缩机的结构

5. 螺杆式压缩机

螺杆式压缩机（图 4-22）的工作是靠啮合运动着的阳转子与阴转子，并借助于包围这一对转子四周的机壳内壁的空间完成的（图 4-23）。当转子转动时，转子的齿、齿槽与机壳内壁所构成的呈"V"字形的一对齿间容积称为基元容积。其容积大小会发生周期性的变化，同时它还会沿着转子的轴向由吸气口侧向排气口侧移动，将制冷剂气体吸入并压缩至一定的压力后排出。

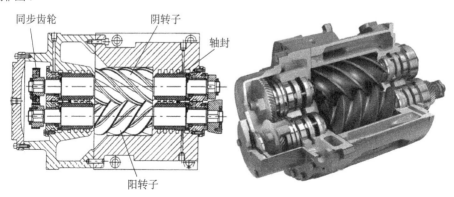

图 4-22 螺杆式压缩机的结构

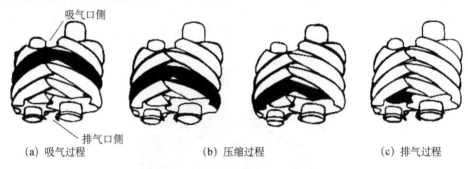

（a）吸气过程　　　　　　　（b）压缩过程　　　　　　　（c）排气过程

图 4-23　螺杆式压缩机的工作原理

6. 滑片式压缩机

滑片式压缩机的横剖面如图 4-24 所示。它主要由泵壳、转子及滑片等组成。转子旋转一周，其基元容积从与吸气口相通到向排气口排气，将经历由最小逐渐变大，再由最大逐渐变小的变化规律，从而完成膨胀、吸气、压缩、排气等过程。

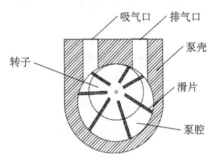

图 4-24　滑片式压缩机的横剖面

（三）影响制冷系统效率的因素

1. 冷凝温度

冷凝温度高，制冷效率会很低。冷凝温度的高低取决于使用环境温度、冷凝器周围的空气流通性等。

2. 蒸发器、冷凝器的换热效率

蒸发器、冷凝器的换热效率的主要影响因素是蒸发器的结霜。在结霜初期，传热效率是上升的，所以制冷效率上升；如果结霜多了，则会严重影响换热，造成制冷效率急速下降。冷凝器周围空气不流通、积尘严重等情况都会导致热传导不良，影响换热效率。

3. 蒸发温度

蒸发温度低，制冷效率就低。温差越小，制冷效率就越低。

4. 制冷剂的种类

根据制冷系统的工作压力、需要的制冷温度、压缩机的型号等条件，应该与相应的制冷剂配套使用。错误使用制冷剂也会影响制冷效率。

5. 压缩机的压缩比

压缩比越大，制冷剂可以携带走的热量就越多，制冷效果就越好。

6. 节流装置

节流装置也会影响制冷效率。节流装置会使制冷剂的流通性变差，节流装置引起的功的耗散越大，制冷效率就越低。节流装置的阻力大，蒸发器内的压力低，会导致制冷效率下降。反之，蒸发器压力过高，也会影响制冷剂的气化，影响制冷效率。

三、制冷系统常见故障原因分析

各类制冷设备故障表现出来的现象多种多样，单个故障点可能扩大成多个故障点，最终会导致系统不制冷或制冷效率低。制冷系统的检查与维修是一门专业学科，需要专业知识及相应设备。由于篇幅所限，这里仅阐述简单的故障原因分析。

（一）压缩机故障

压缩机故障表现为压缩机异常一类的故障，主要表现为不启动、异响、过热、频繁启动、制冷效率低等。但是这些故障的原因是多种多样的，不一定出现在压缩机本身。出现此类故障时需要及时排除，否则最终会导致设备关键部件的损坏。

1. 电动机嗡嗡响，不启动

产生此类故障的原因可能有：①供电不足；②启动继电器触点有污物或不闭合；③电动机启动绕组断线；④系统制冷剂过多，导致压力过高；⑤压缩机内部件抱轴或卡死；等等。

2. 压缩机不启动，无异响

产生此类故障可能的原因有：①停电；②线路折断；③压缩机壳电源插座松脱或反接；④过载继电器触电未闭合；⑤启动继电器或热保护器断路；⑥电动机绕组烧毁或短路；⑦温控器失灵；等等。

3. 压缩机运转电流过大

产生此类故障可能的原因有：①输入电压过低，导致电流增大；②冷凝器散热不良，导致冷凝压力升高，温度无法快速下降；③制冷剂泄漏，温度无法下降，电动机运转时间过长，导致电流增大；等等。

4. 压缩机不停机、制冷量不足、频繁启动、温度过高等

此类故障最常见。主要的原因有：①温度控制器触点接触不良；②温控器探头离开管路，温度信号无法传递；③制冷剂不足，无法尽快制冷；④冷凝器积尘或通风不良导致冷凝温度过高，降温困难；⑤蒸发器结冰，热量无法顺利交换；⑥使用环境温度过高；⑦压缩机本身老化，效率降低；⑧设备保温不良；⑨管路、阀门等系统出现堵塞，制冷剂流动困难，温度不降，压缩机不停运转等。

（二）系统故障

系统故障指表现为制冷系统除压缩机以外的外围组件异常引起的故障。外围组件发生故障后，会直接或间接地影响压缩机的工作状况。常常表现为压缩机不停机、过热、频繁启动甚至烧毁等。

1. 冷凝器温度过高

产生冷凝器温度过高的主要原因有：①使用环境温度过高；②冷凝器积尘；③管路内出现堵塞；④冷凝器通风不良；等等。

2. 蒸发器表面不结霜、有水珠

产生蒸发器表面不结霜、有水珠的主要原因有：①制冷系统中制冷剂轻微泄漏；②系统管路轻微堵塞；③毛细管（膨胀阀）调节有误，使低压过低，高压过高；④压缩机制冷效率低；等等。

3. 设备外壁出现水珠

产生设备外壁出现水珠的可能原因有：①房间内湿度过大；②保温层保温

效果不好；等等。

4. 设备制冷效果差

产生设备制冷效果差的可能的原因有：①制冷剂不足；②过滤器、毛细管堵塞；③蒸发器内冷冻油过多；④压缩机制冷效果差；等等。

四、制冷设备使用过程中的安全注意事项

（一）制冷设备可能出现的安全事故

制冷设备如果使用保养不当，会引起火灾、触电、化学品泄漏等安全事故。

（1）火灾或爆炸。生物塑化工艺中，制冷设备内在大多数情况下盛放的都是丙酮等化学试剂，具有腐蚀性、可燃性等。若遇到明火，极易引起火灾或爆炸。

（2）化学品泄漏。有机溶剂会腐蚀某些橡胶密封件，引起原料泄漏。

（3）冻伤。制冷设备箱内的温度普遍低于-20℃，人员操作时如果防护不当，则会导致冻伤。

（4）触电。设备维护保养不当，加之接触有机溶剂气体，容易导致绝缘失效，使设备表面可能带电，造成人员触电。

（5）中毒。某些化学药品具有毒性，若设备密封不良，则会造成药品泄漏，操作人员吸入、接触会导致化学品中毒。

（二）安全生产相关要求

1. 设备间要求

设备间需要有良好的通风设施，具有可燃气体报警设备及自动消防设备和灭火器。在打开容器盖子前，应注意先关闭电源，开启通风设施，尽量减少易燃气体的浓度。

2. 设备要求

设备应可靠接地，设备电源应使用防爆插头，设备配件应符合防爆标准，避免出现火花。设备应有漏电保护装置，避免触电。应使用耐有机溶剂的密封件，并经常检查各管路接头、密封件的完好情况。

3. 操作要求

在打开容器盖子前，应注意先关闭电源，开启通风设施，尽量降低易燃气体的浓度。

4. 日常维护要求

应经常检查设备运行情况、用电线路绝缘情况，经常检查各管路接头、密封件的完好情况。

5. 对人员的要求

设备间内严禁烟火，严禁明火作业，严禁携带手机。操作人员工作时应佩戴防毒面具、穿防护服、戴手套。设备间内应备有洗消设施。加强对操作人员的教育，熟悉设备操作规程和应急情况，不违章操作。

五、生物塑化工艺对制冷冰箱的要求

1. 对箱体的要求

制冷设备内胆应采用不锈钢材质，钢板厚度≥3mm，并有加强筋，保证箱体装满试剂后不会变形。内胆外面用聚氨酯均匀致密发泡层，厚度≥100mm，以达到保温效果。

2. 对密封性的要求

冰箱采用双层盖，箱体上口要有支撑架，镶有硅胶密封条，用于支撑内盖和密封。内盖为钢化玻璃材质，厚度为 8～10mm，可观察箱体内部的情况。外盖为保温盖，内有 100mm 发泡保温层。

3. 对制冷性能的要求

根据容积不同，采用不同制冷量的制冷系统，通常对系统的要求是能够在6h 内将箱内温度从 20℃降到-25℃。

4. 对温度控制功能的要求

制冷系统应该安装有数显微电脑温控器，在-20～20℃连续可调，级差为1℃，回差为 2℃，便于精确控制温度。

第二节　真 空 设 备

真空设备是生物塑化工艺用到的最重要的设备之一,包括真空泵、真空箱、丙酮回收装置等。

一、真空泵

真空泵是生物塑化工艺中浸渗过程的主要动力来源。凡是利用机械运动(转动或滑动)以获得真空的泵,称为机械真空泵。根据其工作原理,分为分子真空泵、离心排气泵、变容真空泵(图 4-25)。变容真空泵又分为往复式真空泵、旋转式及其他形式真空泵。旋转式真空泵又分为旋片式真空泵、液环式真空泵、干式罗茨式真空泵等几种常见类型。

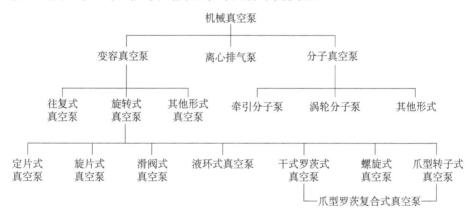

图 4-25　机械真空泵的分类

(一)工作原理

下面以旋片式真空泵和干式罗茨式真空泵为例介绍真空泵的工作原理。

1. 旋片式真空泵

旋片式真空泵是一种利用转子和可在转子槽内滑动的旋片的旋转运动以获得真空的变容机械真空泵。当采用工作液来润滑并填充泵腔死隙以分隔排气阀和大气时,即为通常所说的油封旋片真空泵;无工作液时,即为干式旋片真空泵。

旋片式真空泵（图 4-26）主要由泵体、转子、旋片、弹簧等部件组成。在旋片式真空泵的腔内偏心处安装有一个转子，转子外缘与泵腔内表面相切，转子槽内装有两个带弹簧的旋片。旋转时，靠离心力和弹簧的张力使旋片顶端与泵腔的内壁保持接触，转子旋转带动旋片沿泵腔内壁滑动。

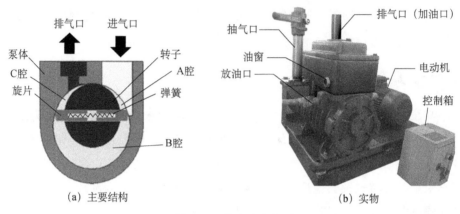

(a) 主要结构　　　　　　　　　　　　　　　(b) 实物

图 4-26　旋片式真空泵

两个旋片把转子、泵腔和两个端盖所围成的月牙形空间分隔成 A 腔、B 腔、C 腔 3 个部分。

当转子沿顺时针方向旋转时，与吸气口相通的 A 腔的容积逐渐增大，正处于吸气过程。而与排气口相通的 C 腔的容积逐渐缩小，正处于排气过程。居中的 B 腔的容积也逐渐减小，正处于压缩过程。由于 A 腔的容积逐渐增大（即膨胀），气体压强降低，泵入口处外部气体的压强大于 A 腔内气体的压强，因此将气体吸入。当 A 腔与吸气口隔绝时，即转至 B 腔的位置，气体开始被压缩，容积逐渐缩小，最后与排气口相通。当被压缩气体超过排气压强时，排气阀片被压缩气体推开，气体穿过油箱内的油层排至大气中，由泵的连续运转，达到连续抽气的目的。

如果排出的气体通过气道而转入另一级（低真空级），由低真空级抽走，再经低真空级压缩后排至大气中，即组成了双级泵。这时总的压缩比由两级来负担，提高了极限真空度。

2. 干式罗茨式真空泵

干式罗茨式真空泵（图 4-27）是利用一对螺杆，在泵壳中做同步高速反向旋转而产生的吸气和排气作用的抽气设备，两个螺杆经精细动平衡校正，由轴承支撑，安装在泵壳中。螺杆与螺杆之间有一定的间隙，因此泵工作时，螺杆之间无摩擦，运转平稳，噪声小。

图 4-27　干式罗茨式真空泵的模拟图

（1）吸气过程。图 4-28 示出了干式罗茨式真空泵的吸气过程。这时，阳转子按逆时针方向旋转，阴转子按顺时针方向旋转。图中上方的转子端面是吸气端面，下方的转子端面为排气端面。图 4-28（a）示出了吸气过程即将开始时的转子位置。此时，这一对转子齿前端的型线完全啮合，且即将与吸气口连接。随着转子开始转动，由于齿的一端逐渐脱离啮合而形成齿间容积，随着齿间容积扩大，在其内部形成一定的真空，而此齿间容积又仅与吸气口连通，因此气体便在压差作用下流入其中，如图 4-28（b）中阴影部分所示。在随后的转子旋转过程中，阳转子齿不断从阴转子齿的齿槽中脱离出来，齿间容积不断增大，并与吸气孔口保持连通。吸气过程结束时的转子位置如图 4-28（c）所示，其最显著的特点是齿间容积达到最大。随着转子的旋转，齿间容积不会再增加。齿间容积在此位置与吸气孔口断开，吸气过程结束。

（a）吸气过程即将开始　　（b）吸气过程中　　（c）吸气过程结束

图 4-28　干式罗茨式真空泵的吸气过程

（2）压缩过程。图 4-29 示出了干式罗茨式真空泵的压缩过程。这时，阳转子沿顺时针方向旋转，阴转子沿逆时针方向旋转。图中上方的转子端面是吸气端面，下方的转子端面是排气端面。图 4-29（a）示出压缩过程即将开始时的转子位置。此时，气体被转子齿和机壳包围在一个密封的空间中，齿间容积由于转子齿的啮合就要开始减小。随着转子的旋转，齿间容积由于转子齿的啮合而不断减小。被密封在齿间容积中的气体被占据体积也随之减小，导致压力增大，从而实现气体的压缩过程，如图 4-29（b）所示。压缩过程可一直持续到齿间容积即将与排气孔口连通之前，如图 4-29（c）所示。

(a) 压缩过程即将开始 (b) 压缩过程中 (c) 压缩过程结束，排气过程即将开始

图 4-29 干式罗茨式真空泵的压缩过程

（3）排气过程。图 4-30 示出了干式罗茨式真空泵的排气过程。齿间容积与排气孔口连通后，即开始排气过程。随着齿间容积不断缩小，具有排气压力的气体逐渐通过排气孔口被排出，如图 4-30（a）所示。这个过程一直持续到齿末端的型线完全啮合。此时，齿间容积内的气体通过排气孔口被完全排出，封闭的齿间容积的体积变为零。

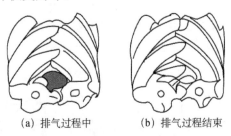

(a) 排气过程中 (b) 排气过程结束

图 4-30 干式罗茨式真空泵的排气过程

（二）常见故障

1. 启动困难

启动困难主要表现为真空泵在启动时的转速极低，电动机出现异响。主要

的原因为电源故障，如断电或者电源缺相。

2. 异物入泵或卡死

在真空泵的使用过程中，不慎有异物落入泵腔，会导致旋片卡死等。此时需要开泵检查，清理异物。

3. 无真空度

无真空度表现为真空设备内始终无真空，真空表指针不动。主要原因有：①电动机转向错误。需要检查电动机转向，更换电动机相序。②系统严重漏气。需要检查系统密封性。

4. 真空度不足

真空度不足表现为真空表无法达到规定数值或达到规定数值的时间较长。主要原因有：

（1）油量不足或润滑油被污染。真空泵抽取的气体中含有大量有机溶剂和硅胶微粒，它们会与泵油发生反应，导致密封性和润滑性下降，最终导致真空度不足。因此，在浸渗工艺初期，应每运转 24h 换油一次，且真空泵每 2 个月需拆开进行一次清洗。

（2）漏气。真空冰箱、管路、真空泵本身的密封件出现老化、损坏时外界气体进入系统，导致真空度无法达标。

（3）泵温度过高。环境温度高、散热不良、润滑不良等原因导致泵体温度过高，真空泵性能下降，对泵体进行强制冷却即可解决。

5. 配件损坏

旋片、泵腔出现划痕，密封垫老化，不能保证原有性能。更换配件即可解决。

6. 漏油

漏油表现为真空泵内油量迅速减少，外壳出现渗漏，真空泵温度过高。主要原因有：①轴封损坏或老化；②油箱密封件损坏，油窗破裂；等等。

7. 喷油

喷油表现为真空泵启动后从排气口喷出大量真空油。主要原因有加油量过多、排气阀片损坏等。

二、真空箱

标本的真空浸渗过程全程在特制的塑化真空箱内完成。实际上，硅橡胶技术常用的塑化真空箱是一套制冷冰箱，性能要求除了要满足前述制冷设备的性能指标外，因为其要长期承受-0.1MPa的负压，因此要求具有良好的刚性和密封性。

（一）真空箱的结构

真空箱分为制冷系统和真空系统两大系统，其中制冷系统组成与第一节相同，此处不再赘述。这里主要讲解真空系统（图4-31）。

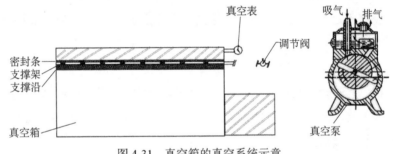

图4-31　真空箱的真空系统示意

1. 真空箱体

真空箱体要长期承受-0.1MPa的极限真空，因此箱体在制作过程中需要经过特殊加强。在箱体内壁近上口处安装一圈支撑沿，用于放置支撑架，保证箱体长期承受负压而不会变形。

在支撑沿上方安装密封沿。密封沿上镶嵌硅胶条，当支撑架放置到支撑沿上时，支撑架上的硅胶条高度与支撑沿上的硅胶条平齐，其上放置玻璃板内盖，可起到支撑和密封的功能（图4-32）。

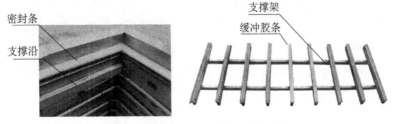

图4-32　真空箱的支撑和密封系统

2. 真空管路

真空箱壁使用 2 根 ϕ8mm 钢管与外界相通，其中一根连接真空表，另一根连接真空管路。在真空管路上安装三通和调节阀，用于调节浸渗速率（图 4-33）。

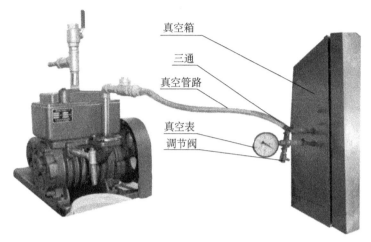

真空箱

三通

真空管路

真空表

调节阀

图 4-33　真空箱的管路连接

（二）真空箱的常见故障

1. 温度不达标

硅橡胶技术的浸渗过程需要在 –25℃下进行，低温可以延缓硅橡胶的交联反应，有利于延长硅橡胶的使用寿命。温度不达标，可参考制冷设备部分的内容检查排除。

2. 真空度达不到要求

真空度达不到要求可能的原因是管路漏气、调节阀没有关闭等。解决故障时，可检查管路密封情况，调整调节阀。

三、丙酮回收装置

在浸渗工艺中，经真空泵抽出的丙酮气体尚有利用价值，可以通过丙酮回收装置回收后继续使用。同时，丙酮气体的回收利用还可以减少对大气环境的污染。这个设备通常与真空箱相连，因此也放在真空设备部分进行介绍。

（一）回收原理

在正常大气压下，丙酮的沸点为56℃。在真空状态下，丙酮的沸点降低，在常温甚至低温状态下就可以沸腾，变成气态从标本中逸出。因此，通过给气化的丙酮降温，即可使其液化，收集起来可以重复利用。

（二）回收装置的结构

丙酮回收装置（图4-34）是一个低温冰柜，内胆使用不锈钢材质，通过管路连接真空泵的排气口，气体在冰箱内降温液化，剩余的空气通过回收装置的排气口排出。

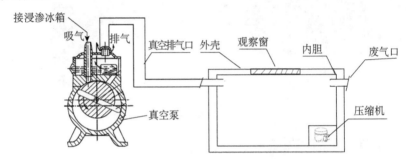

图4-34　丙酮回收装置示意

四、真空设备的安全注意事项

（一）触电

真空设备使用380V动力电，故设备的外壳需要妥善接地，线路的绝缘性良好。供电系统需配备漏电保护器。

（二）机械伤人

真空泵使用皮带与电动机连接，使用时需保证保护罩完好，使用人员应着夹克式工装，袖口、下摆收紧，头发盘好，避免绞入皮带。机器运行时不得触摸传动部分，避免伤人。

（三）割伤

真空箱内盖为钢化玻璃盖，使用时应轻拿轻放，切勿磕碰。抽真空和放气的过程应缓慢进行，避免因速度过快而导致玻璃炸裂。

（四）火灾

真空泵电动机过热、短路容易引起火灾，故浸渗设备周围不可存放易燃物。真空设备间内应常备灭火器及铁锹、沙子等。

第三节　断层塑化技术常用设备

生物塑化技术需要的断层设备有包埋设备、冷冻设备、锯切设备、脱水设备、浸渗设备、水浴设备等。

一、包埋设备

在制作断层塑化标本前，需要先调整好标本的姿势，如摆放的平面、角度等，确定基准面后才可冰冻、锯切。由于标本大小不同，因此包埋箱的包埋尺寸必须可调。

（一）包埋设备的构成

包埋设备由一组可拆卸的箱体及多个活动隔板构成，配有 2 个包埋剂储存箱、底盘。使用时，将箱体四面立起，用插销固定，然后将隔板插入不同的插槽，就可以隔离出不同容积的空间，满足不同的包埋尺寸需求。包埋完成后，取下隔板，打开箱体，就可以轻松地取出包埋块（图 4-35 和图 4-36）。

图 4-35　包埋箱实物

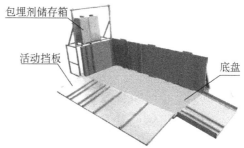

图 4-36　可拆卸的隔板及箱体

（二）操作注意事项

（1）在包埋标本前，需要先衬一层塑料薄膜在包埋箱内，以避免包埋剂与包埋箱壁直接接触而导致包埋后无法取出标本。

（2）需要在包埋前临时配制包埋剂，根据标本大小确定配制的数量，将包埋剂黑料和白料等比例混合后立即倒入包埋箱内。

（3）包埋剂容易引起皮肤过敏，在使用时要注意做好个人防护，操作者需要戴乳胶手套，以避免包埋剂接触皮肤。如果包填剂不慎溅入眼中，应立即使用大量水冲洗后就医。

二、冷冻设备

冷冻设备的设备原理与构造与第一节制冷设备所述相同，但性能要求更高，制冷温度要求达到-70℃，因此通常采用双级压缩机结构及特殊制冷剂。

三、锯切设备

冷冻过的标本要在锯切设备上进行锯切加工。要求最小锯切厚度＜1mm。生物塑化工艺中可以使用改造后的大型带锯，在带锯上加装靠板、推台、导轨（图4-37），以满足断层塑化标本的切割要求。

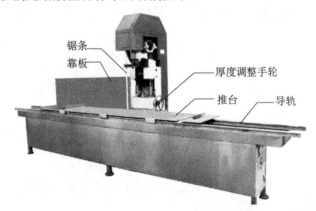

图 4-37　推台带锯实物

（一）带锯原理及结构

1. 带锯的结构

带锯主要由底座、推台、靠板、导轨、飞轮、电动机、调节机构等组成。

2. 带锯的原理

带锯工作时，由电动机带动柔性电锯条做圆周运动，运动轨迹呈椭圆形，使用其竖直面作为切割面。材料摆放在推台上，切割面紧靠靠板，推动推台，使材料通过锯条完成切割。通过调整靠板与锯条间隙可以控制切割厚度。

（二）带锯常见故障

（1）切割速度慢。切割标本时，推动推台费力，标本切割面由于长时间摩擦而出现熔化变软。主要原因是电动机反转、锯条不够锋利、电动机转速不达标等。

（2）切割厚薄不均。主要原因有靠板与材料切割面不平行、锯条张力不足、推台推进速度过快等。检查靠板前后两端、推台与锯条是否平行；锯条张力是否足够；推进速度是否过快。

（3）掉锯。掉锯是指锯条从上飞轮上脱落。发生掉锯时，需要检查锯条张力是否不足、限位块是否磨损、标本推进速度是否过快等。

（4）锯条使用寿命短。主要原因有：锯条安装不恰当，导致锯齿与飞轮摩擦变钝；锯切材料内埋藏金属，常常导致锯条损坏。

（三）带锯使用安全注意事项

作为大型设备，带锯的转速快、机械配件多，操作不慎容易出现安全事故。

（1）操作人员必须经过培训后才可上岗，未经培训人员不得上岗。

（2）启动前，需要先检查各紧固件、传动件是否松动，带锯条是否有裂痕，张力是否足够，锯齿是否完整。确保以上都没有问题后才可启动设备。

（3）带锯启动后应空转运行 2min 左右，没有出现异常情况才可进行标本切割。切割操作人员应佩戴防割手套，肢体应远离带锯运动部件，尤其是带锯条。

（4）推进速度应缓慢，避免带锯从飞轮上脱落或断锯。

（5）切割材料内不能有金属等过于坚硬的物体，以免损坏锯条。

（四）硬组织切片设备

硬组织切片设备是近年来出现的一种高科技切片设备，主要应用于不能用常规方法制成组织学切片的组织标本。

硬组织切片设备采用了当前世界上最先进的点接触切割工艺技术和各项精确平行控制技术，制备的医学硬组织样本是当前世界上截面积最大的样本，最显著的优点是不破坏软硬组织、组织与植入物之间原有的组织结构形态。该设备适用于骨科、口腔科、手外科、血管外科、解剖学等医学领域及其他学科

（如动物进化、组织发育、考古、勘探等）。

1. 设备组成

全套硬组织切片设备包括切片机、脱水浸透仪、光固化包埋机、平行粘片装置、标本修复机和磨片机等 6 个部分。

其中，硬组织切片设备的切磨部分由 3 个部分组成：①以带锯原理为基础的切割装置；②精密平行导杆，附有固定标本进行切割的附件；③冷却清洗系统。

（1）切割装置。切割装置的速度根据材料的硬度调节，以避免产生热量。切割带是厚度为 0.1mm 或 0.2mm 的不锈钢带，锯片的切割边用金刚石或氮化硼粒子浸渍。直径 30μm、46μm、64μm、91μm 的粒子都适用。切割片的锯耗取决于钢带和砂粒的尺寸，直径 64μm 的粒子大约损耗 0.250mm。

（2）精密平行导杆。精密平行导杆以运载原理为基础。可调节的重量在锯带后移动，平行导杆中心是螺丝调节系统，可以附带一个有机械夹钳的托盘或真空盘，一个螺旋千分尺安装在螺丝夹钳装置中，以 0.02mm 的增加量支持物体移向或远离锯带。

（3）冷却清洗系统。冷却清洗系统由两个水枪组成，一个安装在准备切割物体的上面，另一个安装在准备切割物体的下面以便清洗锯带。冷却清洗系统的水枪可以调节。

2. 操作步骤

硬组织切片系统操作步骤如下：

（1）固定。将硬组织标本置于福尔马林（浓度为 10%），在 4℃下固定 24h 备用。

（2）脱水与浸泡。固定后的标本先采用不同浓度梯度的酒精（70%、75%、80%、85%、90%、95%、100%）进行脱水，再用三氯甲烷浸泡。脱水后将标本置于浸泡液中浸泡，浸泡液需当天新鲜配制，浸泡过程均在 4℃环境中进行。浸泡液中的甲基丙烯酸甲酯、邻苯二甲酸二丁酯、过氧化苯甲酰按表 4-1 配制。依次浸泡标本各 2 天，每天抽真空 2h。

表 4-1　浸泡流程

浸泡液	成分	配制含量	磁力搅拌时间
浸泡液 I	甲基丙烯酸甲酯	95mL	2h
	邻苯二甲酸二丁酯	5mL	
	过氧化苯甲酰	—	

续表

浸泡液	成分	配制含量	磁力搅拌时间
浸泡液Ⅱ	甲基丙烯酸甲酯	95mL	4h
	邻苯二甲酸二丁酯	5mL	
	过氧化苯甲酰	1.5g	
浸泡液Ⅲ	甲基丙烯酸甲酯	95mL	4h
	邻苯二甲酸二丁酯	5mL	
	过氧化苯甲酰	4.5g	

（3）包埋聚合。去除成品甲基丙烯酸甲酯中的阻聚剂，将 1:1 成品甲基丙烯酸甲酯和 5%氢氧化钠加入分液漏斗，充分振荡，静止分层后漏弃下层液体。反复 3 次后，再用蒸馏水以同样方法洗 3 次，去除溶液中的氢氧化钠。然后向分液漏斗中添加无水氯化钙，振荡混合数分钟，吸除水分，用滤纸过滤去除氯化钙。上层滤液收集于瓶中，在-4℃冰箱中保存备用。取去除阻聚剂的甲基丙烯酸甲酯（单体）95mL、邻苯二甲酸二丁酯 5mL、无水过氧化苯甲酰 410g 放入宽口耐热塑料瓶中，放入磁力转子，置于热水杯中水浴恒温加热，恒温保持在 50℃，置于磁力搅拌器中搅拌 2h。液体温度注意不要过高，观察液体状态，出现气泡应该立即采取降温措施，可浸于冷水中不断搅拌，或加入凉的单体。煮过后待液体完全降温，贴上标签置于-4℃冰箱中保存备用。将备好的标本置于底平、壁薄、干净、清洁和大小适宜的玻璃瓶内，并标记编号。加入包埋剂后盖上胶盖，在胶盖插上针头以便排气。继而连续抽真空 2h，置于 37℃水浴恒温箱 2～3 天，取出包埋组织块即可做切片。

（4）切片制作。包埋后，塑料部分均匀透明，可以清楚地观察到塑料内样本，定位简单方便，也可以通过 X 射线定位。将定位好的标本固定在 Leica SP1600 硬组织切片机的圆形样本紧固装置上进行锯切，厚度为 200～250μm，然后采用碳化硅耐水砂将薄片依次从 800 目、1200 目、2000 目磨至 4000 目，切片厚度磨至 30μm 左右。

四、脱水设备和浸渗设备

这两种设备与前文所述制冷设备和真空设备完全相同，此处不再赘述。

五、水浴设备

P45 断层塑化切片的固化过程在水浴箱（图 4-38）内进行。固化过程是产热过程，既需要保证温度的适宜和稳定，又需要及时地消除反应过程中产生的热量。在固化反应的前期，可以给切片升温，达到固化温度。在固化反应的后期，需要给切片降温，以避免爆聚。P45 技术的固化反应使用的水浴箱是大连鸿峰生物科技有限公司的专利产品。水浴箱内的水温易于控制和保持稳定，同时由于水是热的良导体，可以有效地快速带走切片内化学反应产生的热量，可以很好地避免爆聚现象的发生。

图 4-38　断层用水浴箱

（一）设备构造

设备由内外两层箱体、保温层、加热棒、循环水泵和控制箱组成。加热棒在温控器的控制下保证箱内温度恒定在 40℃左右，被加热的水通过循环水泵均匀地分布在箱体内各处，保证温度均匀。箱内设有格栅，垂直于包埋箱垂直放置（图 4-39）。

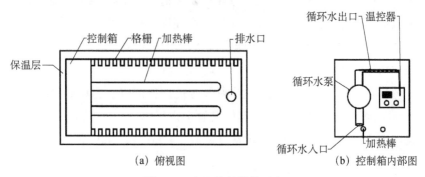

（a）俯视图　　　　　　　（b）控制箱内部图

图 4-39　水浴箱的结构示意

（二）常见故障及解决措施

（1）温度异常。检查控制箱是否正常，检查加热棒是否正常工作，检查水泵是否正常工作。

（2）温度不均。检查水泵是否运转。

（3）漏电。检查各部分电器绝缘是否有效。

（4）漏水。检查阀门、加热密封件、箱体是否有漏水点。

（三）安全注意事项

（1）设备外壳应妥善接地，避免触电，设备电源应配有漏电保护器。

（2）取放标本时应切断电源，避免水溅到电器部分。

（3）长期不用应将水排空，避免水浴箱生锈。

（4）加水应加足量，以可以没过切片内 P45 树脂的高度为宜，但不能过多。水量过少起不到恒温作用，加水过多会导致玻璃包埋箱进水。

第四节　丙酮精馏设备

脱水脱脂工艺中会产生大量低浓度、颜色浑浊的废丙酮溶液，直接废弃会造成浪费和环境污染，可以使用丙酮精馏设备对丙酮溶液进行精馏，实现丙酮的重复利用。

一、回收原理

精馏是利用混合物中各组分挥发度不同而将各组分分离的一种分离过程，常用的设备有板式精馏塔和填料精馏塔。废丙酮溶液内的丙酮含量一般低于 85%，其余成分为水、脂肪等。精馏的原理是利用废丙酮中各种物质的沸点不同且丙酮沸点低的特性，使用精馏设备将丙酮分离出来。生物塑化工艺中常用的设备是板式精馏塔。

二、丙酮精馏设备的系统结构

丙酮精馏设备系统的总高约为 12m。安装完毕后，油炉、蒸馏釜、上料、放料阀门位于一楼；冷却、取样位于二楼。丙酮精馏设备系统使用电加热导热油，用泵将油送到塔底的釜内换热器。原液罐内的丙酮溶液流入釜内，通过换热器加热废丙酮溶液，产生的丙酮蒸气经多层塔板上升至塔顶，进入冷凝器。在冷凝器处可以放料取样，调节回流比例，控制成品浓度。合格品经再次冷却，流入成品罐。附属设备包括：导热油泵，为蒸馏提供热源；冷冻水机，为冷却提供冷源。整个过程无明火，设备无承压，安全性高（图 4-40 和图 4-41）。

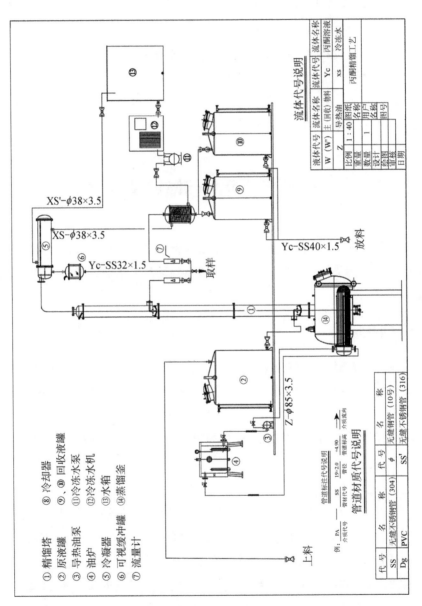

图 4-40　丙酮精馏设备系统图

① 精馏塔　　⑧ 冷却器
② 原液罐　　⑨、⑩ 回收液罐
③ 导热油泵　⑪ 冷冻水泵
④ 油炉　　　⑫ 冷冻水机
⑤ 冷凝器　　⑬ 水箱
⑥ 可视缓冲罐　⑭ 蒸馏釜
⑦ 流量计

XS'-φ38×3.5
XS-φ38×3.5
Yc-SS32×1.5　取样
Yc-SS40×1.5　放料
Z-φ85×3.5
上料

流体代号说明

液体代号	流体名称	流体代号	流体名称	流体代号	流体名称
W（W'）	主（回收）物料	Yc	丙酮稀溶液		
Z	导热油	xs	冷冻水		

管道标志代号说明

管道材质代号说明

代号	名　称	代号	名　称
SS	无缝不锈钢管（304）	φ	无缝钢管（10号）
Dg	PVC	SS'	无缝不锈钢管（316）

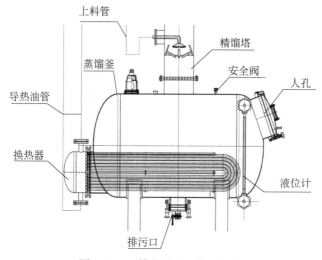

图 4-41　一楼蒸馏釜及换热器等

三、设备操作方法

1. 启动系统

（1）利用防爆上料泵将需要精馏的废丙酮溶液注入原液罐中。需要注意的是，原料废丙酮溶液需在进入防爆泵前过滤掉其中可能含有的固体残渣。

（2）设定导热油温度（通常设定为95℃）。

（3）开启导热油泵。

（4）开启导热油加热按钮。

（5）根据蒸发器内溶液的液面位置，调节一楼蒸馏釜上的进料阀，使蒸馏釜内溶液的液面保持在规定范围内（600～720L）。

（6）在精馏过程开始前，开启冷却循环系统。

2. 运行中的控制

（1）塔顶上的温度显示表显示的温度在 45℃左右，要求温度稳定没有变化，这样表示精馏过程稳定。此时开始取样，测试丙酮浓度。当达到浓度要求（≥97%）时，调节回流比，开始回收丙酮。

（2）回流比通过 2 个流量计来控制（图 4-42）。从冷凝器冷却下来的丙酮液体经过三通管分配给 2 个流量计。一个流量计负责将丙酮液体送回塔中再蒸馏，另一个流量计负责将丙酮液体送到成品罐中。通过调节再蒸馏丙酮和成品丙酮的分配比例即可控制产品浓度。

若需要的成品浓度高，则可开大再蒸馏丙酮流量，减少成品丙酮流量，反之需要的成品浓度低，可减少再蒸馏丙酮流量，开大成品丙酮流量。

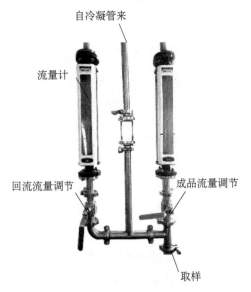

图 4-42　回流比调节流量计

（3）操作人员需根据塔顶温度表显示温度实时监测丙酮溶液浓度。通过调节回流比及进料速度，整个精馏过程达到一个可连续工作的平衡状态，操作人员必须按要求做好各项记录。无特殊情况时，1h 记录 1 次。

3. 精馏终点的处理

（1）蒸馏终点的判断。在连续精馏过程中，原料不断流入釜内，丙酮不断被蒸发，水分和脂肪不断地在釜内积累。随着釜内高沸点物质（水、脂肪等）增多，塔顶上的温度会明显上升，且放料检验丙酮成品浓度偏低。此时，需关闭系统，将釜内的水、脂肪清理出去。

（2）关机流程。关闭导热油加热按钮和导热油循环泵，待塔顶温度降至40℃以下且流量计内无液体流动后，关闭冷却装置和出料阀。

（3）待蒸发器内温度降至室温，关闭进料阀，打开排污口即可清空釜内残存废液。

四、技术安全

丙酮精馏设备处理的是易燃易爆品，属于高危设备，因此需要格外注意安全操作。

（1）设备需妥善接地，配有漏电保护器，油炉、蒸发器、塔顶需配有温度计。塔身配有安全阀。

（2）操作人员必须培训后上岗，无关人员不得进入操作区。

（3）禁止一切明火，所有电源电器均需安有防爆装置。禁止使用手机接听或拨打电话。禁止穿带有铁钉的鞋子进入丙酮精馏区域。

（4）严禁穿着化纤工作服，防止衣物产生静电。

（5）生产区配备灭火器及铁锹、沙子等灭火器材，要安装火灾报警系统、自动灭火系统等。

（6）对精馏设备进行维修时，整个设备应当用水清洗，不允许用空气来吹洗设备。

（7）在精馏设备出现异常或者设备的工作环境出现异常状态时，应迅速关闭导热油加热按钮及导热油循环泵，及时降低塔顶温度。

第五节　固化设备

标本经硅橡胶浸渗、定型、修复后，要在固化设备中完成最终的固化。

一、固化原理

硅橡胶的线型大分子通过化学或物理学方法连接成三维网状结构的过程称为硅橡胶的固化或交联。在生物塑化技术中，硅橡胶的固化过程主要依靠温度提升和催化剂的参与来完成。

二、固化设备的组成

固化设备主要由箱体、加热系统、供气系统、气体对流系统及控制系统组成。

（1）箱体。箱体由内外两层不锈钢构成，中间衬有保温层。内层箱壁安装加热源。

（2）加热系统。加热系统主要由多个红外线灯组成，通常可以选用市场上常用于浴室加温的红外线灯，根据控制系统的设定维持箱内一定的温度。

（3）供气系统。固化箱内置气泵，通过气泵管将气体送至盛有气体固化剂 Hoffen S6 的容器，并在容器内产生大量气泡，带动气体固化剂 Hoffen S6 发生气化。Hoffen S6 气化后与浸渗后的标本接触，发生固化反应。

（4）气体对流系统。固化剂气体比空气重，所以固化设备空间内 Hoffen S6 的浓度并不均匀。通过安装在箱顶的风扇转动，在固化空间内产生气体流动可以使固化剂均匀分布在箱内各处，保证固化效果均匀。

（5）控制系统。通过电子温控器及各类开关，控制箱内温度及各个配件的启停。

三、安全注意事项

固化剂具有易燃性，固化气体也具有一定的毒性，因此使用时应注意以下几个问题。

（1）固化箱工作时应保持密封状态，避免气体逸出。

（2）完成固化开启固化箱时必须充分通风，待 Hoffen S6 气体完全散去后才能取放标本，以避免对人体产生伤害。

（3）温控器最高温设定不宜超过 50℃，且标本至少距离热源 50cm，以避免烤焦而引起火灾。

（4）固化箱外壳应妥善接地，避免触电。

第六节　塑化场地的选择及设备的组装

一、塑化基本系统

塑化基本系统是完成塑化工艺的最基础设备集合，包括低温脱水冰箱一台、常温脱脂槽一台、真空泵一台、固化设备一套，以及相关的管路若干。

二、塑化场地的选择

塑化场地建议设在建筑物的一层，以便于设备安装和维护，也便于化学药品的周转。建筑物应符合甲类厂房设计标准。设备配电应满足所有设备需要的容量，并留有富余。线路应套管保护，并做防爆处理。室内应有可燃气体报警系统、烟雾报警系统、自动喷淋系统。压缩机、真空泵等电动设备应有单独的设备间，与盛放药品的箱体实现物理隔离。固化设备与修复间、浸渗间也应该有物理隔离，避免逸出的固化气体使硅橡胶提前固化。总体布置可参考图 4-43。

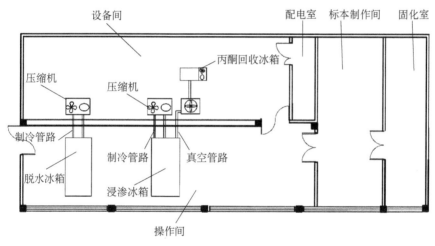

图 4-43 场地布局参考

三、系统的组装

（一）真空设备的组装

组装真空设备时，应严格按照图纸进行，真空管路的材质应选用耐低温、耐丙酮、有一定耐负压能力的材质。一般使用壁厚大于 10mm、内径约为 8mm 的硅胶管。真空管路长度不可超过 2m，否则会影响抽气速度。必须保证管路、箱体密封良好，无泄漏。软、硬接头处可使用管箍密封。真空系统的组装可参考图 4-44。

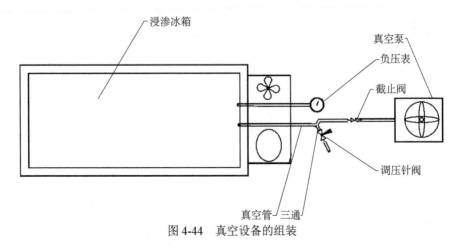

图 4-44　真空设备的组装

（二）固化系统的组装

固化系统推荐使用移动式固化箱（图 4-45）。移动式固化箱为一体化结构，加热系统、供气系统、风扇的控制电源均已封装在箱体内部，只需要组装供气管路。组装供气系统时，先取下控制面板的固定螺丝，打开控制面板，将气泵放入气泵盒中，主气管从气泵盒下面的小孔穿出，然后连接气排管、供气歧管、砂头等管

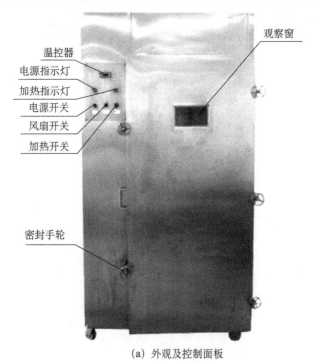

（a）外观及控制面板

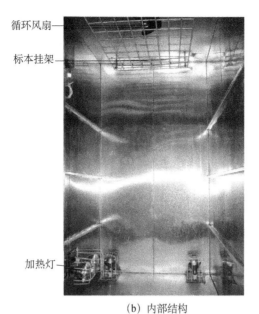

循环风扇

标本挂架

加热灯

（b）内部结构

图 4-45　移动式固化箱

路，将砂头浸入药杯中，打开电源即可看到气体泵出，然后安装控制面板即可使用（图 4-46）。移动式固化箱在使用时，应拧紧密封手轮，避免固化气体逸出。

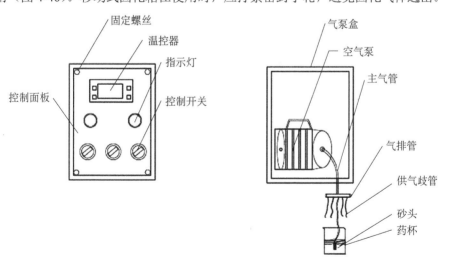

固定螺丝

温控器

指示灯

控制面板

控制开关

气泵盒

空气泵

主气管

气排管

供气歧管

砂头

药杯

图 4-46　供气系统的组装

（编写者：韩　建　唐　炜）

本章参考文献

何璧生. 2003. 旋片式真空泵的结构原理和设计计算（下篇）. 通用机械，4（6）：27-30.

廖道平，吴叶正. 2004. 制冷压缩机. 北京：机械工业出版社.

刘振全，王君，强建国. 2009. 涡旋式流体机械与涡旋压缩机. 北京：机械工业出版社.

沈雅钧. 2008. 制冷与空调技术. 北京：北京大学出版社.

吴叶正，韩宝琦，等. 1987. 制冷原理及设备. 西安：西安交通大学出版社.

张百福. 1996. 空调制冷设备维修手册. 北京：新时代出版社.

第五章 生物塑化技术的基本工艺

第一节 标本的固定及解剖、切割

一、标本的固定

标本在解剖前需要经过固定处理，一则杀灭病原体，二则通过甲醛的作用让蛋白质变性，使组织保持一定的形状和硬度，便于后期操作。

（一）药品、工具准备

固定时主要使用福尔马林、吊桶、乳胶管、阀门、缝线、聚碳酸酯（PC）塑料管等。标本固定一般使用 10%福尔马林，总用量为材料重量的 10%～20%。将福尔马林装桶，悬挂于 2.5～3m 高度。

（二）标本准备

先在原材料颈部或其他部位分离出大动脉，然后根据管腔直径选择相应的塑料管插入动脉内并结扎，一般向心端和离心端各插一根。将标本摆放至正常解剖学姿势，可以用绳、布带、木板等辅助固定姿势。对于动物材料，可预先将口张开，舌拉出口腔外，为后期定型做好准备。

（三）固定方法

打开药桶阀门，排空空气，连接一根动脉插管，将药液注入材料体内。此时可见另一根插管内有淤血流出。待淤血流尽，将此插管与吊桶进行连接。待材料口鼻有带泡沫的药液流出时，材料整体变得粗壮即可停止灌注，结扎药管。用注射器抽取 20%福尔马林，对外阴、眼球进行补充注射，保证固定效果。

（四）保存

固定完成的标本放入 10%福尔马林中保存并时时检查，6 个月后可以使用。

二、解剖

标本的解剖除了显示相应解剖结构以外，还要通过解剖的方式去除大量的脂肪和筋膜，通过一系列手段保证标本颜色自然、脂肪含量少，使脆弱结构得到保护，为后期的塑化过程奠定基础。

（一）解剖的要求

（1）尽量去除标本表面及组织间隙内的筋膜、脂肪。筋膜包裹在结构表面会形成屏障，阻碍丙酮与标本的水分置换，进一步影响标本的塑化效果。

（2）尽量游离组织间隙，打开密闭的空腔，以利于丙酮与水分置换。

（3）动物消化道内容物需用水冲洗干净，避免污染标本。

（二）保湿

解剖过程中需要全程保湿，因此需要使用喷壶频繁地在标本表面喷水。在标本上覆盖湿布，仅暴露解剖的局部，以免标本发干，影响后续的脱水和浸渗。离开标本时，应覆盖湿布后再覆盖塑料薄膜，并喷水使薄膜贴在湿布表面。标本必须始终处于"湿淋淋"的状态，尤其是肌腱、筋膜、神经等颜色银亮的结构，一旦干燥，则标本表面颜色会变深甚至发黑。这种由于干燥引起的颜色变化是不可逆的，一旦出现，将直接影响标本的最终质量。

（三）漂白

1. 目的

标本解剖完成后，为达到良好的展示效果，需要使用双氧水（主要成分是过氧化氢）对标本进行漂白。一般使用 25%～30%双氧水溶液作为原液，配制成 5%～10%双氧水溶液，将标本浸没于液面下，经常翻动、观察，直至标本颜色变浅（图 5-1）。

图 5-1　漂白效果对比

2. 漂白的注意事项

漂白速度与环境温度和漂白液的浓度有关。温度越高、浓度越大，漂白速度越快。但是也不能为了提高漂白速度而一味地提升溶液浓度。溶液浓度过高，将导致标本表面的颜色与内部颜色不一致。而且浓度过高会使漂白速度快，就需要频繁观察，调整漂白效果的机会就少，因此不建议采取高浓度漂白的方法。

影响漂白效果的因素主要有时间、温度、浓度、阳光等。

（1）漂白时间对颜色的影响。在相同的浓度和温度下，漂白的时间越长，标本的颜色越浅，由深褐色慢慢变为苍白色，直至达到稳定。此时再延长漂白时间，颜色也不会再有变化，而且漂白时间过长会导致标本骨骼脱钙变软，肌肉纤维大量破坏，影响标本质量。

（2）漂白温度对颜色的影响。温度越高，漂白速度越快。在药品浓度为5%、时间为 12h、环境温度为 24℃时，可以看出标本颜色有明显改善，而在10℃时，12h 的漂白几乎不会对标本颜色有任何改善。

（3）药品浓度对颜色的影响。在相同温度和时间下，双氧水的浓度越高，漂白速度越快，颜色越浅，但是不能为了加快速度而使用浓度过高的双氧水。双氧水浓度过高，会导致标本组织被严重腐蚀，影响标本质量。

（4）阳光照射对漂白速度的影响。在阳光照射的情况下，漂白速度会加快。因此，为了能够很好地掌控漂白效果，应该避免阳光直射。

（四）标本的打孔和冲洗

1. 打孔的目的

在标本长骨的骨髓腔内含有大量脂肪，而骨髓腔本身又是一个密闭空间。故需要在长骨两端打孔，将骨髓冲洗干净，便于丙酮与水和脂肪的置换。

2. 打孔的方法

根据骨骼的粗细选择比骨髓腔略细的长杆钻头，使用手电钻从长骨的一段沿其长轴方向朝另一端钻孔。打通后，使用两根与钻头直径相同的塑料管分别插入骨髓腔两端的钻孔。

3. 冲洗

将其中一根塑料管与自来水管连接，打开阀门即可见另一端的塑料管有水流出，且含有大量骨髓腔内容物。若出现堵塞，可用细钢丝进行疏通，如此反复，直至出水清澈为好。有的动物骨髓黏稠，则可用45℃的热水冲洗。

（五）标本转脱水前的准备

解剖、漂白完成的标本在转入脱水脱脂前应进行以下几步操作。

1. 标本的保护

标本的四肢肌腱丰富，这些结构在进入脱水工艺后会发生挛缩而导致变形。因此在进入脱水前，可以将标本的四肢拉直，使用手电钻将细钢针穿过关节，将肢体固定于正常状态（图5-2）；脑等比较脆弱的器官需用纱布包裹后放入单独容器，再放入脱水槽，以保证不会被挤压破坏；某些标本的形态极不规则，且非常脆弱，可以做一保护架，将标本固定在架子正中，以起到保护作用（图5-3）。

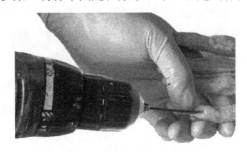

图 5-2　标本的形态固定

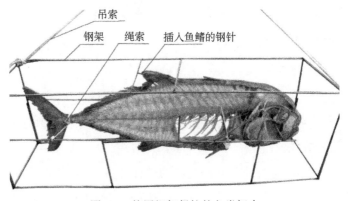

图 5-3　使用钢架保护的鱼类标本

2. 标本的填充

空腔脏器应使用丝绵将其填充饱满，维持好形态（图 5-4）。

图 5-4　标本的填充

3. 预冷

预冷的目的是将标本的温度降下来，避免进入脱水冰箱时标本内部出现冰晶，损坏结构。预冷前，需要先冲洗一次标本，然后用湿布包裹，外罩一层塑料薄膜。将标本放入 4℃环境超过 8h 后即可转入脱水脱脂。实质性脏器需放入水中预冷，避免放在操作台上使标本变形。

三、断层塑化标本的切割

切割是指使用切割设备将标本按照需求切割成相应的薄片，准备进行下一步工序。

（一）材料准备

选用外形自然、顺直的材料。对标本的外观进行处理，材料毛发都要剪掉，皮肤上的灰渍要用洗涤剂清洗一遍，保证标本清洁。如果标本已剖检，需探查内脏位置是否正确，并缝合表面切口。若材料已灌注，需取下灌注灌管，缝合切口。

（二）第一次冰冻

第一次冰冻的目的是固定形态。在冷冻前，需要先确定标本的姿势。用柔性材料绑缚、牵拉，使标本姿势固定。一般将标本摆放成解剖学姿势。摆放时，需注意头、脊柱必须位于一条直线上，两指尖与肩同宽，两足尖与髋同宽。如果标本为男性，需注意将生殖器官位于头和脊柱的直线上。不可绑缚过紧形成勒痕。检查无误后送入–20℃环境中冰冻 3 天。

（三）包埋剂包埋

使用包埋剂将材料包裹起来，起到固定形态和位置的作用。操作时，应根据材料大小调整包埋箱的空间，并先内衬一层塑料薄膜。将材料放入包埋箱正中，再覆盖一层塑料。在包埋前应确定好切割平面。

1. 锯切平面的选择

所有的锯切平面的确定都是建立在标准解剖学姿势的基础上的。根据标本展示需要，一般分为水平面、矢状面和冠状面 3 种。

（1）头颈部水平切。参考平面为眶下缘至外耳门连线平面。即在两侧眶下缘至两侧外耳门分别做一条直线，两条线所形成的参考平面即为头颈部水平切的参考平面，该平面将头部分为上、下两部分。每次锯切后形成的切面均应与此平面平行。

（2）头颈部冠状切。参考平面为垂直于眼耳连线的平面。即在两侧外眦至外耳门分别做一条直线，再在此线上分别做一条垂线，两侧的垂线所形成的平面即为头颈部冠状切的参考平面。该平面将头部分为前后两个部分。每次锯切后形成的切面均应与此平面平行。

（3）头颈部矢状切。参考平面为正中矢状切平面。即按前后方向将头部纵向分成左、右两部分。每次锯切后形成的切面均应与此平面平行。

（4）胸腹盆及四肢水平切。参考平面为经过上述部位的水平切面，将材料分为上、下两部分，与矢状面、冠状面互相垂直。每次锯切后形成的切面均应与此平面平行。

（5）胸腹盆的冠状切。参考平面为通过双侧腋中线的平面，该平面将材料分为前、后两部分。每次锯切后形成的切面均应与此平面平行。

（6）膝关节的冠状切。参考平面为通过膝关节内、外侧中线的平面。每次锯切后形成的切面均应与此平面平行。

2. 切割平面的标记

先将材料放置于包埋箱正中，根据选取的锯切平面在材料正中线上做多个标记，测量这些标记与包埋箱两侧内壁的距离，根据测量结果调整材料姿势，最终使材料中心线至两侧包埋箱内壁的距离相等（图 5-5）。

图 5-5 确定切割线

使用已发泡的大块发泡剂填充材料与箱体间的空隙，避免标本移动。将包埋剂的黑白 2 个组分等比例充分搅拌后倒入包埋箱中（图 5-6），即可见包埋剂迅速固化成块。

图 5-6 将包埋剂倒入包埋箱

待完全固化后，打开包埋箱侧板和隔板，取出包埋块。根据测定的中线与边缘的距离，用记号笔在包埋块上画线，确定切割平面（图 5-7）。

图 5-7 在包埋块上确定切割平面

（四）第二次冰冻

第二次冰冻的目的是将标本冻硬，保证切割面平整。将包埋好的标本块放入-50℃深冷冰箱内。因为包埋剂本身是一种热的不良导体，所以时间至少需要一周才可以完全冻透。在此期间，需要经常观察冰箱温度，以保证冰冻效果。

（五）切割

此过程需三人配合操作。

1. 切割前的准备

根据切割厚度需求，使用游标卡尺调整带锯条与靠板的距离，检查靠板与推台是否垂直、靠板与锯条是否平行（图5-8）。

图5-8　检查切割厚度

2. 锯条的选择

根据标本不同，选择不同型号的锯条。例如，小体标本（脑、肝、肺等），可以选择小号锯条（尺寸为13mm×4945mm×0.8mm）；上肢、下肢、头等标本，可以选择中号锯条（尺寸为27mm×4945mm×1mm）；整体矢状切，可以选择大号锯条（尺寸为41mm×4945mm×1.5mm）。

3. 锯切

将包埋块从冰箱中取出，放置在推台上，锯切面紧贴靠板，启动带锯。第一个人负责扶稳标本，保证包埋块始终紧贴靠板。第二个人轻推推台，力量、速度要恒定，以免标本切割薄厚不均。第三个人将切割好的切片装框，标记。第一片切割完成时，先检查切割面是否符合要求、厚薄是否均匀，一切没问题后再进行下一次切割，否则需对标本、带锯做出调整（图5-9）。

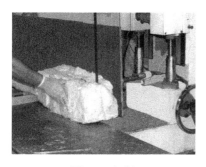

图 5-9 切割

图 5-10 切割完成并装框的切片

4. 清点、记录

在锯切标本的过程中，应清点切片数量，根据锯切位置排列切片顺序并分框保护，然后做好相应记录（图 5-10）。

5. 锯切的技巧

在连续锯切过程中，必须每隔 30min 停锯清理一次残渣。锯条接触的缝隙要清理干净，以保证锯条不走偏。锯条的使用寿命约为 10h。根据具体情况，如果锯条很钝，则必须换锯，以免锯条断裂而造成危险。标本锯切完毕，带锯需要彻底清理干净，以避免生锈。

（六）切片的冲洗和漂白

1. 冲洗

切割完毕的材料先用水冲洗一次，将碎屑、内脏内容物等杂质冲洗干净。易脱落脏器（如肠管部分）要在细网格盖上冲洗，以免冲散或冲掉组织。冲洗脑组织时，水流要很小，避免损伤脑组织。清洗过程中，要用凉水（水温低于30℃），不要用温水或热水清洗，以免烫伤组织。在冲洗过程中，可用刀片轻刮难于冲掉的碎屑（图 5-11）。

图 5-11 切片的冲洗

若材料切割前未进行固定，需将切片浸入 15%福尔马林进行固定。固定时间为 7～15 天，固定后冲洗干净。若材料已固定，可进行漂白处理。

2. 漂白

冲洗完成后，将易脱落组织用缝线进行固定，缝合过程需要注意保湿，然后开始漂白。

切片的漂白使用 5%双氧水溶液，漂白时间根据材料颜色不同灵活掌握。漂白过程中随时观察，如果达到理想的程度，即可停止。良好的漂白效果是组织颜色呈灰白色，颜色均匀自然（图 5-12）。

(a) 未经过漂白的切片   (b) 经过漂白的切片

图 5-12　漂白效果对比

如果骨松质间、肌肉间有淤血，但其他部位已经漂白完成，则可用棉花蘸漂白液湿敷，局部漂白。同一批切片最好一起漂白，以免漂白程度不同。漂白完毕，用清水冲洗，准备进入脱水脱脂工艺。

（七）注意事项

（1）固定、漂白用的药液均有刺激性及腐蚀性，使用时应做好个人防护，佩戴防毒面具、穿工装服、戴手套。在操作时，严禁在房间内饮食、吸烟。药液误入眼中、口中或沾染皮肤时应及时用大量水冲洗，严重时应就医。

（2）漂白时应随时观察，避免漂白过度。

（3）使用手电钻等电动工具时注意避免触电及伤人。

（4）使用带锯时应注意安全，避免伤人（详见带锯的安全注意事项）。

第二节　脱水及脱脂

脱水脱脂工艺是利用有机溶剂将标本中的水分和脂肪脱出，为浸渗工艺做好准备。生物塑化技术通常采用丙酮作为脱水脱脂剂，本节以丙酮为例进行讲述。

一、脱水脱脂的原理

丙酮具有溶脂性，利用丙酮可以将标本内部的脂肪脱出，同时较高浓度的丙酮也可以将标本内的水分一并带走，为下一步高分子化合物置换提供基础。脱水的原则是在低温下从低浓度到高浓度逐级进行。若脱水过快或温度过高，则标本会因脱水过快而缩水严重。采用−25℃低温丙酮的好处是，当标本放入低温丙酮后，其形态立即被低温固定住，可以有效地减少脱水过程中标本的缩水变形。

二、硅橡胶技术的脱水工艺

（一）丙酮的准备

根据标本量，在脱水冰箱中添加足够量的浓度为85%的丙酮溶液，将冰箱温度调节至−25℃。标本体积与丙酮溶液体积的比例不可高于1：5，理想状态应该达到1：10。

标本进入脱水冰箱时，应缓慢轻放，使标本完全浸没在丙酮溶液中。若空腔脏器标本漂浮在丙酮溶液表面，则需注意将空腔脏器内的空间都灌入丙酮溶液，并用木板覆盖在标本表面，使其完全浸没，并盖严盖子。丙酮溶液较轻，静置后会处于上层。因此必须每天搅拌丙酮溶液2次，以使脱水冰箱内各处的丙酮溶液浓度均匀，保证箱内各处的脱水效果一致。

（二）丙酮浓度的测量

脱水开始后，需隔日检测丙酮溶液浓度。

1. 取样

取样前，先将冰箱或槽中的丙酮溶液搅拌均匀，用试管取适量的丙酮溶液，用温度计测量试管中丙酮溶液的温度，可以使用水浴等方法将试管中的丙酮溶液温度调整到20℃。

2. 测量

丙酮的分子量与酒精接近，故可以使用酒精比容计进行测量（图 5-13）。将酒精比容计轻轻放入调整好温度的试管中，保证酒精比容计在中间位置垂直不动且不与试管壁接触，同时观察比容计的刻度，读出的刻度数即为丙酮溶液浓度，然后记录。

3. 丙酮溶液颜色与脂肪量的关系

丙酮有脱脂作用。含有的脂肪量越多，丙酮溶液的颜色越黄；丙酮溶液的颜色清亮，则表明其中的脂肪浓度较低（图 5-14）。

图 5-13　测量丙酮溶液浓度　　　图 5-14　丙酮溶液中脂肪含量与颜色的关系

4. 更换丙酮溶液

如果连续两次测量丙酮溶液的浓度相同，则说明脱水浓度已经恒定，需要更换更高浓度的丙酮溶液。新换丙酮溶液浓度应较待换丙酮溶液浓度高 5%左右，如此反复。更换丙酮溶液时，应先准备好低温丙酮溶液，将标本捞出后，尽快转移到新丙酮溶液中，避免丙酮挥发风干。如此反复，直至浓度达到并稳定在 98%，即可进入常温脱脂。

三、脱脂

低温时，丙酮的脱水效果良好，但是丙酮的脱脂效果较差，因此在丙酮溶液浓度升高以后可以进行常温脱脂。标本脱脂也应遵循浓度由低到高的原则，每次提升 1%～2%即可，每隔一天测量丙酮溶液浓度，在浓度稳定后更换丙酮溶液，如此反复。浓度稳定在 99.0%以上时可以每次提升 0.5%，直至浓度达到 99.9%。

保持一周后丙酮溶液浓度不降且颜色透明清亮则说明脱脂完毕，标本可以转入浸渗流程。

四、P45 断层塑化切片的脱水和脱脂

P45 技术脱水和脱脂的原则、方法与硅橡胶技术基本相同。进入丙酮溶液前，同样需要先进行预冷，遵循丙酮溶液浓度从低到高的原则进行。可将整框切片打包放入脱水冰箱。因为切片比较薄，而且皮肤或组织中的各种结缔组织包膜等都在切割时被切断成切面，有利于水和丙酮的交换，所以脱水脱脂的速率可以加快。

（一）切片的脱水

切片脱水在-25℃和-15℃下的丙酮溶液中进行。第一次脱水，冰箱温度为-25℃，丙酮溶液浓度以 85%左右为宜，脱水时间为 5 天。第二次脱水，冰箱温度为-15℃，丙酮溶液浓度以 90%左右为宜，脱水时间为 5 天。

（二）脱脂

切片脱脂在常温下的丙酮溶液中进行。一般分 2～3 次不同浓度脱脂。第一次脱脂，丙酮溶液浓度以 95%左右为宜，时间为 5 天。第二次脱脂，丙酮溶液浓度以 97%左右为宜，时间为 5 天。第三次脱脂，丙酮溶液浓度为 99.9%，时间为一周，其间测量三次丙酮溶液浓度，最后一次丙酮溶液浓度不低于 99.7%即可进行 P45 包埋制作。

五、注意事项

（1）脱水时注意标本间留有空隙，防止标本因受压变形及损坏。

（2）脱水过程在密封下进行，防止丙酮挥发。

（3）车间注意开窗通风，严禁烟火，所有用电设备必须是防静电的。

（4）标本更换丙酮溶液时，动作要迅速，防止由于丙酮挥发而导致标本干燥。肌腱、筋膜、神经等结构一旦干燥，表面颜色会变深甚至发黑。这种由于干燥产生的颜色变化是不可逆的。一旦出现，将直接影响标本最终的质量。

（5）过小的标本要集中用容器打包处理。

（6）标本不要挤压，易损伤的标本要加以保护。

第三节 真 空 浸 渗

一、真空浸渗的原理

丙酮的沸点较低，在低温真空下也可以气化。真空浸渗是指通过真空的作用将标本内的丙酮抽出，留下的空隙使用硅橡胶等硅橡胶取代，完成塑化的工艺过程。浸渗工艺是塑化过程最重要的阶段。

真空浸渗过程所需的时间取决于标本的大小、组织的密度及硅橡胶的黏稠度。浸渗过程如果过快，则硅橡胶等硅橡胶不能及时进入组织内，会导致标本缩水严重。在相同的真空压力下，标本的组织越软，硅橡胶的黏稠度越高，标本越容易产生皱缩。如果浸渗速率过慢，则整个塑化过程的时间过长，会导致标本的制作成本上升。但对于初学者，在浸渗过程中建议宁慢勿快。

二、真空浸渗的准备

（一）容器的选择

根据标本的数量及特征选用合适的容器，温度维持在$-25℃$。容器大小以标本放入冰箱时互相不发生挤压为准。

（二）进入浸渗前标本的准备

标本进入浸渗前，需要先将填充物取出，再检查、记录、整理标本形态。微小标本应置于小的容器中，避免丢失。

（三）硅橡胶的配制

将硅橡胶倒入搅拌机内，按2%的比例加入固化剂Hoffen S3，开机搅拌。搅拌转速为2200r/min，搅拌时间为2h。搅拌后的硅橡胶应置于低温环境下，避免提前聚合。

三、真空浸渗过程

（一）常压浸渗

标本完成脱水脱脂工艺后，应立即浸没于硅橡胶中。由于丙酮溶液的密度小于硅橡胶，有的标本会漂浮在硅橡胶的表面。出现这种情况时，可覆盖木板，并放置重物使标本完全浸没硅橡胶，但要注意不能由于重物压迫而使标本变形。最后盖严容器盖子，使标本在硅橡胶中静置24h。对于空腔脏器，要检查确保空腔内也充满硅橡胶，减少空气在脏器内的存留。

（二）负压浸渗

打开真空泵，关闭放气阀，此时冰箱内硅橡胶等硅橡胶表面有很大面积出现微小气泡。这种微小的气泡为混入高分子化合物内的空气，可以尽快抽出。待微小空气气泡减少后，随着真空度增加，会逐渐出现较大的气泡，这种较大的气泡是丙酮气体产生的（图5-15）。调整放气阀，使气泡直径不超过2cm、气泡产生至破碎的时长约为1s、气泡均匀分布、气泡总量不超过10个/m²。此后每2h观察、调整一次气泡，使浸渗过程匀速进行。

图5-15　从硅橡胶中逸出的丙酮气泡

（三）硅橡胶注射

在硅橡胶技术中，为保证浸渗效果，加快浸渗速率，浸渗中途需注射硅橡胶。使用硅橡胶注射机，注射方法由深层到浅层逐层进行，进针点尽量密集，以注射的硅橡胶可以连续成片为宜。肌肉标本一边注射硅橡胶一边揉搓。标本每7天注射1次硅橡胶，进针部位要隐蔽，不能留下明显的针孔而影响标本的美观。

（四）真空浸渗后期处理

在真空浸渗后期，硅橡胶内逸出的气泡数量逐渐减少，放气阀也逐渐关闭。当放气阀完全关闭、压力表指向−0.1MPa、胶内没有气泡冒出、标本没有丙酮气味时，则浸渗过程结束。

（五）硅橡胶技术浸渗时间参考

浸渗时间需要根据标本的体积、致密程度、硅橡胶的黏稠度进行调整。通常情况下，大型动物或大型海洋生物的浸渗时间控制在 50～60 天，其他标本的浸渗时间一般不超过 40 天。

四、真空泵换油

因为抽出的气体中含有大量丙酮，会进入真空泵中与真空泵油发生反应，且气体中往往含有硅橡胶等高分子化合物，抽入泵中也会影响运转，故真空泵油需经常更换。浸渗初期气泡较多时，一般每天换油一次；浸渗后期气泡较少时，一般 2～3 天换油一次（图 5-16）。

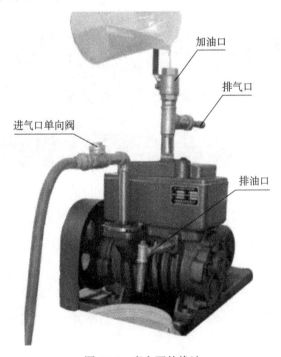

图 5-16　真空泵的换油

（1）先关真空泵进气阀门，然后关闭电源。

（2）打开排油阀门，排出废油，观察其颜色、性质以判断真空泵的运转情况是否良好。丙酮含量较高时，油被稀释，油的黏度较低，颜色浅，有浓重的丙酮气味。丙酮含量较少时，油被稀释的程度低，油黏度只比正常真空泵油稍低，颜色呈深褐色。若油的颜色发黑，则提示真空泵内的杂质较多，应停泵维修。

（3）关闭排油阀门，从加油口加真空泵油，观察油窗，加到油窗中间高度即可。

（4）关闭加油阀门，打开电源，运转正常后打开真空泵阀门观察气泡逸出情况，并进行相应调整。

五、真空浸渗注意事项

（1）空腔脏器填充物在进入浸渗箱前取出，取出过程必须在丙酮溶液中操作，以免标本离开丙酮溶液的时间过长而导致风干。

（2）翻动标本动作要轻柔，避免标本肌丝断裂，肌肉、神经及血管损伤。

（3）浸渗在越早期注射硅橡胶，标本的浸渗效果越好。第一次硅橡胶注射至关重要，要认真做好。

（4）内脏标本的负压递增要慢一些，脑和胎儿的标本要单独浸渗。

（5）海洋软体动物、节肢动物标本在浸渗开始前就要注射硅橡胶，浸渗速率要慢，且要用黏度较低的硅橡胶浸渗。

六、P45 断层塑化切片的浸渗

从原理上来说，P45 技术的浸渗与硅橡胶技术相同。同样是在真空环境下，用高分子化合物取代切片中的丙酮。不同的是，硅橡胶技术使用的是硅橡胶，P45 技术使用的是 P45。

（一）P45 混合液的预聚合

P45 混合液需要进行预聚合才能装入垂直包埋箱内进行真空浸渗。

1. 药液配比

P45 混合液的配比为 P45∶P45A∶P45B∶P45C =1000mL∶10g∶30mL∶5g。将以上药液全部倒入容器中。

2. 加热

混合液以不锈钢锅为容器，放置在电磁炉上进行加热，加热时需搅拌器搅拌，直至 100℃沸腾，约 15s 后停止加热（图 5-17）。

3. 冷却

预聚合好的 P45 药液需要迅速冷却。一般将药液放入冷水中水浴冷却，冷却过程中也要持续用搅拌器搅拌。如果 P45 混合液的温度降不下来，则可以在水中加冰或将低温的、预聚合好的药液倒入新配制的 P45 混合液中，以达到快速降温的目的。待温度降到 30℃，用搅拌棒挑起药液，肉眼观察有拉丝感即可使用（图 5-18）。

图 5-17　P45 混合液的预聚合　　图 5-18　预聚合好并完成冷却的药液（药液已经拉丝）

4. 保存

加工完毕后，将 P45 混合液放置冰箱中冷藏，以免因温度过高而发生爆聚。

（二）玻璃垂直包埋箱的制作

玻璃垂直包埋箱是完成浸渗和成型的容器，切片将在此完成浸渗和固化过程。

1. 玻璃的准备

根据标本尺寸选择合适的钢化玻璃，玻璃的高度约为标本高度的 1 倍。用去污粉反复冲洗玻璃，清除玻璃表面的灰尘、污物，自然晾干。清洗玻璃时，注意不能使用钢丝刷等用具，而要用质地柔软的布制材料，以防造成玻璃表面划伤。

2. 装入垂直包埋箱

将切片从丙酮溶液中捞出，再次检查结构无误，用清洁的丙酮溶液冲洗切片表面杂质，将切片放在玻璃上，周围三面围好连续的乳胶管，再盖一层同样大小的玻璃，最后用夹子固定（图 5-19）。

3. 再次检查

再次检查垂直包埋箱内是否有杂物、标本摆放是否规范。无误后即可进行浸渗。

（三）P45 断层塑化切片的浸渗

1. 装药

使用漏斗将预聚合好的 P45 药液加入垂直包埋箱中，药液高度以可以浸没标本为宜（图 5-20）。垂直包埋箱放入真空箱后，由于真空对玻璃产生压力，药液将会升高，因此 P45 药液的高度应距离垂直包埋箱上口有足够的距离。一般约为玻璃高度的 1/3。

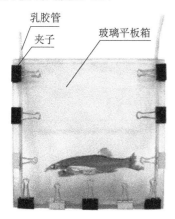

图 5-19 装好标本的玻璃垂直包埋箱

图 5-20 向垂直包埋箱中加注药液

2. 真空浸渗

浸渗冰箱温度降至-15℃，将装好标本的垂直包埋箱放入浸渗冰箱中。依靠特制的支架保持切片竖直（图 5-21）。盖严冰箱盖子，开始抽真空，此时可见气泡从切片中逸出（图 5-22）。由于 P45 药液的流动性极好，容易进入组织中，因此真空压力的下降速度可以较快。维持-0.1MPa 的压力 6h，此时可见气泡从切片中逸出。

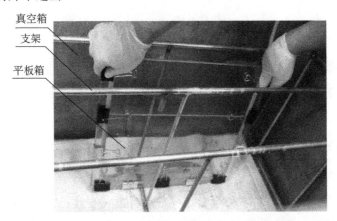

真空箱
支架
平板箱

图 5-21　将垂直包埋箱放入浸渗冰箱

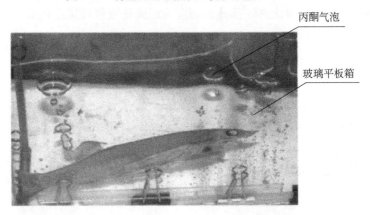

丙酮气泡
玻璃平板箱

图 5-22　垂直包埋箱中可见被抽出的丙酮气体

3. 调整

6h 后，观察切片中再无气泡逸出即可完成浸渗。取出切片，使用钩针调整切片位置，对移位的结构进行复位（图 5-23）。

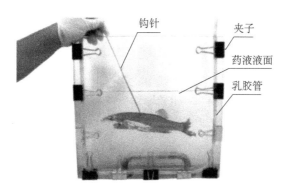

图 5-23　使用钩针对结构进行复位

（四）P45 断层塑化切片的固化

P45 断层塑化切片的固化初始需要加温以引发化学反应。固化反应开始后会产生大量热量，需要将热量及时导出。如果 P45 药液的温度持续上升，则会产生爆聚现象，导致标本内充满大量大小不一的气泡，使标本制作失败，因此固化需要在水浴箱中进行。在固化初始阶段通过水给切片加温，同样在反应过程中通过水为切片降温，以保证固化的顺利进行。固化分为初步固化、完全固化和后固化三个过程。

（1）先将水浴箱中灌水，高度以可以没过垂直包埋箱中药液为准，但水面不能过高，防止水进入垂直包埋箱中。将垂直包埋箱竖直放入水浴箱中（图 5-24）。

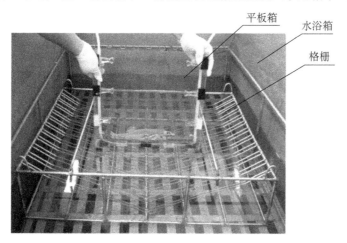

图 5-24　将垂直包埋箱竖直放入水浴箱中

（2）调整温控器，打开循环水泵，开始初步固化。初步固化时不同组织的标本的水温是不同的。例如，脑、脊髓、肝、脾、肾标本的固化温度在 25℃和 27℃之间，心、肺标本的固化温度在 27℃和 29℃之间，上、下肢肌肉的切片在 30℃和 32℃之间。时间为 24h。

（3）将温控器调整至 40℃，开始完全固化。时间为 72h。

（4）完成固化后，将垂直包埋箱取出即可拆片。

（五）拆片和修整

1. 拆片

将完全固化的切片从玻璃夹片中拆下，拆片时可以用竹片将切片从钢化玻璃上撬下来（图 5-25），但要注意不要划伤切片和钢化玻璃。拆下来的切片先用包装膜包上，以避免出现划痕。在两层玻璃间平放静置 24h 进行后固化。

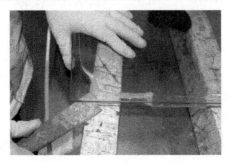

图 5-25　使用竹片拆片

2. 修整

用曲线锯在距切片边缘 3mm 处切割，注意切割时不要切到切片（图 5-26）。切割完毕后再用布砂轮磨边，把边缘凹凸不平的地方打磨光滑整齐，摸起来不划手，即为成品（图 5-27），可包装。

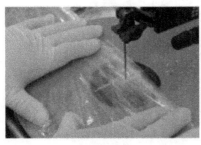 

（a）切割　　　　　　　　　　　　（b）磨边

图 5-26　曲线锯切割和磨边

图 5-27　成品

（六）注意事项

（1）预聚合 P45 药液时，应在通风橱内进行，以便及时将有害气体排出室外。

（2）预聚合 P45 药液时，需要使用温度计实时监控温度，避免爆聚。

（3）冷却时，应避免水进入 P45 药液中。

（4）玻璃使用前先仔细检查是否有裂痕、划痕、缺角等瑕疵。如有，弃之不用。

（5）清洗玻璃时，不能使用钢丝刷等尖利物体，避免划伤玻璃，影响切片光泽度。

（6）制作垂直包埋箱时动作应迅速，避免丙酮挥发造成标本风干。

（7）固化时应随时调整水浴箱中的水位，避免受热导致水位升高而流入垂直包埋箱中，造成切片报废。

（8）切割、磨边时注意安全，避免伤手。

第四节　塑化标本的定型

一、塑化标本定型的概念和意义

标本定型是指通过特有的工艺手段与流程，使标本保持制作者所需要的形态，并且维持其组织结构间正确的解剖毗邻关系的方法，是塑化标本制作的重要环节。通过定型，可以赋予标本美感和动感，减少观众对标本的恐惧感，有利于观众接近标本，从而实现标本在教学和科普方面的展示价值。标本的造型设计要兼顾动感、美感、科学性和展示性。其中尤以科学性最重要，必须确保标本所显示的解剖结构准确，解剖结构的错误对于标本价值的评判可谓一票否决。

标本造型的选择在突出动感和美感的同时，要有利于所需要结构的展示。例如，足底的结构展示就需要把足部抬起，动物标本需要展示内脏结构的时候就不能选择四足着地的造型。另外要注意标本的造型不能影响重要结构的展示，不能由于造型的选择造成重要的结构被遮挡。所以标本的定型事先需精心设计，使标本既要形态美观，又要保证各组织器官的解剖位置准确，并且要做到内固定的材料隐藏不露，外固定材料简洁美观。因此，定型质量好的标本是科学性与艺术性的统一体，使得标本既具有科学的展示性，又具有动感和美感。在标本完成真空浸渗后、进入固化箱前，就进入了标本的定型阶段。

二、定型设备工具及物料的选择与应用

"工欲善其事，必先利其器。"要想把定型工作做得完善，就需要利用一些设备才能完成。定型前要筹划、安排，准备好需要使用的工具和设备，这样才能把工作稳步做好。

（一）常用设备工具的选择与应用

1. 多功能手电钻

（1）多功能手电钻主要应用于体形较大、质量较重的标本，以及被穿入结构较坚实、经行距离较长（如骨骼中的股骨）的组织的打孔、固定制作。

（2）型号为GSB13RE，功率为910W，空载转速为0～2800r/min。

2. 12V充电式手电钻

（1）充电式手电钻主要应用于体形较小、质量较轻的标本，以及被穿入结构较疏软、经行距离较短（如骨骼中的指骨）的组织的打孔、固定制作。

（2）型号为GSR120-L1，空载转速为1300r/min。

3. 电动角磨机

（1）电动角磨机主要应用于标本中所使用钢材的切割与整形。

（2）型号为TWS6600，功率为670W，转速为1200r/min，砂轮直径为100mm。

4. 多功能切割打磨机

（1）多功能切割打磨机主要应用于标本中较为坚实的骨性结构（股骨开槽

等）、特殊结构（膝关节梯形开槽等）的切割与整形。

（2）型号为 GDP30-28，功率为 300W，摆动角度为 2.8°，空载转速为 8000～20 000 次/min。

5. 双功能电焊机（氩弧/电焊）

（1）电焊机主要应用于标本定型过程中支撑钢材接头的焊接。

（2）型号为 YD-280RK1HGE，输入电源为三相 AC380V，输出电流为 280A。

（二）生物塑化技术专属设备和工具的选择与应用

1. 自动跟踪曲线的钢筋折弯机

在定型过程中，标本在某些部位的内支撑架体所需钢材的形态是比较特殊的，多以单根钢材多角度立体成型的型材为主。市场上的设备暂时无法满足标本定型制作的要求。大连鸿峰生物科技有限公司设计制作了一种自动跟踪曲线的钢筋折弯机（图 5-28）。其主要结构是：工作台板设有三条滑槽，每条滑槽内设有一对夹块，每对夹块相反的外侧各与一个液压杆相连。下折弯夹块和下中间固定夹块两者的夹持面设有压力探头，并且朝向工件初始位置一侧的上面设有样条探头。夹持面各设一个压力探头的下固定夹块外侧设有步进拉杆，该

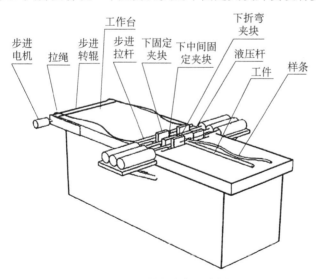

图 5-28　钢筋折弯机示意图

步进拉杆两端各与一根拉绳的一端相连,两根拉绳的另一端分别固定在步进转辊两端,该步进转辊轴设在工作台的轴承座上,上述步进拉杆上置有挂钩的套环。上述各探头及步进电机均通过控制线路与可编程控制机构相连。该钢筋折弯机为全自动控制,不仅生产效率高,而且产品合格率也高,只需一个人操作即可。本设备主要应用于标本在某些部位上钢材的成型和调整。

2. 可调式标本形态操作台

定型制作整体造型标本时,为达到标本最终形态与事前设计要求相同,需要先做标本外部的支撑,悬吊架体进行标本的解剖形态固定。经过反复尝试和总结,大连鸿峰生物科技有限公司自行研制出专用于整体造型标本制作的外固定架。它的特点在于,通过对架体特定部位的调节可以适用多种不同尺寸的标本制作,通过悬吊、拉扯等方式,在标本造型没有完全确定前通过专用架体反复多次进行形态调整,直至标本造型满意为止。此后再对已经确定形态的标本进行内支撑架体的穿入和焊接。

可调节式标本形态操作台(图5-29)主要应用于保持整体标本所需求形态的固定与调整,辅助标本内支撑架体的穿入和焊接。根据被定型标本实际情况可自制多种型号。参考型号一为2000mm×1500mm×3000mm,参考型号二为3000mm×2500mm×4500mm。

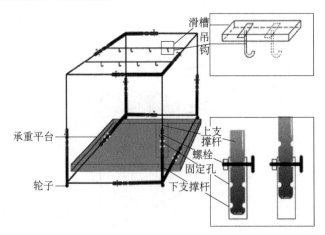

图 5-29　可调节式标本形态操作台

3. 标本专用控胶、定型操作台

标本专用控胶、定型操作台（图 5-30）主要应用于标本前期多余胶体的再回收及标本定型前期的操作。型号为 200cm×60cm×120cm、150cm×60cm×120cm，采用 Q235 型不锈钢制作。

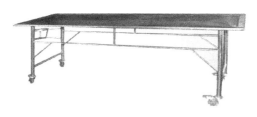

图 5-30　标本专用控胶、定型操作台

（三）塑化标本定型常用物料的选择与应用

1. 标本内支撑架体和外支撑架体材料的选择与应用

标本内支撑架体材料的优良与否会决定标本的使用安全性，同时也能影响标本的使用寿命，所以标本内支撑架体材料必须具备高牢固性、高韧性、高防锈耐腐蚀性，通常会采用 Q235A 级钢料。标本外支撑架体材料一般为临时性固定架，在标本最终制作完成后需要拆除掉，所以只要具备一定的牢固性、韧性和防锈耐腐蚀性就可以，通常会采用 Q235B 级钢料。如果外支撑架体材料不去除，则架体将采用 Q235A 级钢料。

标本内支撑架体材料通常采用 Q235A 级钢料，为 50～1000mm 等不同型号的实心不锈钢柱。标本外支撑架体材料通常采用 Q235B 级钢料，为 20～550mm 等不同型号的实心不锈钢柱、空心不锈钢管、空心不锈钢方等。

2. 标本组织结构中填充物的选择与应用

为保证在定型制作过程中各个组织结构自身解剖形态的准确和美观、各个组织结构之间毗邻关系的准确和美观，以及避免塑化标本在固化反应后相邻组织结构之间由于硅橡胶的逸出和交联反应产生结构之间的粘连、结构变形而给后期处理工作带来不必要的困难，需要在标本定型制作过程中给各个组织结构之间的空隙和解剖间隔进行必要的填充或隔垫。在空腔性组织结构内部（如胃部、肠管部等），通常采用可降解的环保性白色透明塑料膜进行填充，填充物的多少由被填充组织结构原有解剖形态决定。在各个组织结构之间（如肌肉等），通常采用外覆盖有可降解环保性白色透明塑料膜的白色聚乙烯（PE）板隔填，隔填物的尺寸由被隔填组织结构的实际尺寸决定。

3. 标本义眼的选择与应用

眼球可见结构部分是由角膜、巩膜、晶状体等多种结构组成。在自然生存环境下，生物体的角膜清澈透明，巩膜颜色鲜亮，晶状体透明饱满。生物体自然死亡 36～48h 后，角膜会变得浑浊不透明，巩膜颜色暗淡褪色，晶状体变形不透明，同时眼球的整体形态将会出现凹陷、干瘪、浑浊、色沉等不可逆变化，即使通过生物塑化技术也无法彻底改变标本眼球出现的这种变化。所以在标本定型的制作过程中需要对标本的眼球进行完整替换。

1）人体标本义眼

选择人体标本义眼时，不仅要考虑到义眼本身的材质、形态，也要考虑到被替换标本的实际情况。对义眼中巩膜颜色的选择应注意地区、人种等不同而产生的巩膜颜色差异。例如，欧洲地区人体标本的义眼应选择巩膜以深蓝色、蓝黑色、金黄色为主的义眼，亚洲地区人体标本的义眼应选择巩膜以棕黑色、灰黑色为主的义眼。对义眼各尺寸的选择应根据民族、年龄、性别、身材、眼眶形态等不同而适当选用。在义眼替换安装的过程中，应注意义眼中瞳孔的方向要与标本实际造型动作相呼应，这样会更好地体现标本动作造型的灵动性。

人体标本的义眼（图 5-31）多采用仿真度较高的聚酯高分子义眼或玻璃制品义眼，常用型号为上下径 20～25mm、左右径 25～30mm。

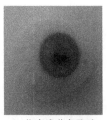 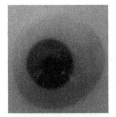

(a)仿真浅蓝色聚酯
高分子义眼（欧洲人）　　　　(b)仿真棕黑色聚酯
高分子义眼（亚洲人）

图 5-31　人体标本的义眼

2）动物标本义眼

（1）选择。选择动物标本义眼时，不仅要考虑到义眼本身的材质、形态，也要考虑到动物标本所属的种类。在动物界中，尤其是脊椎动物中，不同种类动物的眼睛的瞳孔形态、巩膜颜色是有很大区别的。甚至同一纲或同一科的动物的眼睛也可能不同，同一种动物在不同时间瞳孔的形状也会存在很大不同。例如，常见的家猫的眼睛颜色就有很多种，黄色、蓝色、琥珀色、绿色等，黑猫眼睛的颜色多为绿色，长毛白猫的眼睛颜色多为蓝色，花猫是没有蓝色眼睛的，波斯猫两只眼睛的颜色不同。又如，体型较小的猫有缝状瞳孔（竖立状瞳孔），而同一科中体型较大的虎则是圆形瞳孔。所以在选择义眼时，一定要注意这些细节，日常也要多注意观察。

市场现有动物义眼多选择仿真度较高的聚酯高分子义眼或玻璃制品义眼，型号、种类、颜色需根据动物种类的不同适当选用（图5-32）。

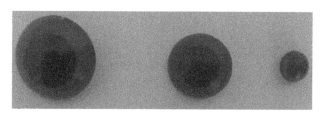

图5-32　仿真棕黑色聚酯高分子义眼（熊类、鹿类、鸟类等）

（2）自行绘制。自然环境中存在的动物种类非常繁多，有很多义眼在市场上无法购买到，常常需要自行绘制。

自行绘制义眼的方法一。选取与被替换标本眼睛尺寸、形态相同的无色透明的聚酯高分子义眼或玻璃制品义眼，再用不同颜色的聚乙烯颜料根据被仿制标本眼睛的真实情况进行绘制。待颜料完全干透，在绘制好的颜料表面通过粘贴的方式覆盖上一层透明的保护塑料薄片，此保护塑料薄片的作用是防止安装时造成人为脱色。这种仿制义眼的优点在于眼睛内部色彩的立体感、层次感比较强，更接近真实眼睛（图5-33），缺点在于制作难度比较大，需要制作者有一定的绘画功底。

图5-33　自行绘制仿真马玻璃制品义眼（聚乙烯颜料绘画）

自行绘制义眼的方法二。选取与被替换标本眼睛尺寸、形态相同的无色透明的聚酯高分子义眼或玻璃制品义眼，通过照片打印技术打印出被仿制标本眼睛的内部图片，等尺寸裁剪后，粘贴在聚酯高分子义眼或玻璃制品义眼基底面（图 5-34），粘贴牢固后在图片底面再粘贴覆盖一层透明的保护塑料薄片，此保护塑料薄片的作用是防止安装时造成人为图片损伤。此方法的优点在于省时省力、制作简单，缺点在于立体感、层次感比较差，经长时间放置照片易脱色。

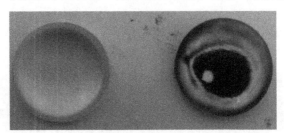

图 5-34　自行绘制仿真鸽子玻璃制品义眼（打印照片）

三、标本制作前期的选择与准备

"万事开头难"，要想制作出一件符合要求的生物塑化标本，标本材料自身质量的好坏是非常重要的，所以定型制作前对已经处理过的材料进行再次筛选是非常必要的。虽然前期我们会对标本原材料进行严格的挑选和科学的处理，但是被挑选和处理过的标本到定型制作前还要经过数月甚至数年的化学处理期。在此期间，标本材料会在不同的化学试剂中经过十多次的流程转换，标本材料处理的环境（如温度、压力、浓度等）也会出现多次变化。在如此长的转换处理期中，标本材料很可能出现一些无法预测的情况，从而导致标本材料的形态、颜色等发生无法预判的变化。所以定型制作前我们必须对标本材料再进行一次筛选，淘汰变形、变色、处理不完全的标本材料。

例如，有的标本内含有甘油或者苦味酸，在脱水过程中，标本的颜色会逐渐变黑；如果抽真空时的压力下降过快，会导致标本严重皱缩变形，有时甚至引起一些扁骨的形态发生严重变形。当出现这些情况时，必须淘汰变色或变形的标本。

（一）定型制作前标本的选择

（1）被选取的标本材料必须是脱水、脱脂、浸渗完全的。被选取的标本材料在定型制作前首先应对标本的整体外表进行观察，观察标本表面组织是否有胶体感，是否还存有脂肪斑块，再用手触摸标本的组织感觉被触摸组织是否柔软并富有一定弹性。最后选取一块体形较大的组织用刀具在隐蔽处（如人体标本的股四头肌的内侧头内侧面）切开，观察切面处的组织是否有胶体感，触摸时组织切面处是否柔软并富有一定弹性。如果标本表面还存有较多的脂肪斑块，则说明脱脂不净，这样的标本在制作完成后会出现脂肪处不固化，发生流脂现象。如果标本组织表面无胶体感或少胶体感，切开处的组织触摸感到干硬、弹性差或无弹性，说明组织浸渗差，胶体没有完全浸渗到组织细胞内，这样的标本在制作完成后会出现组织干瘪、变形等问题。遇到这种情况，需要把标本重新放回硅橡胶中，继续进行真空浸渗。

（2）被选取的标本材料整体的组织颜色自然均一，没有明显的异色。标本材料进入丙酮溶液后，有时丙酮溶液内杂质的颜色很可能给标本材料造成二次染色，从而使同一个标本的不同部位或同一部位的不同位置出现颜色不均、色差明显的情况。这类标本即使在制作中进行再次漂白，效果也不会理想，制作完成后会出现标本发"花"的情况。此时，需要将标本放回到新丙酮溶液中，直至标本颜色均匀为止。

（3）被选取的标本材料整体组织需质地柔软、充盈并富有一定的弹性，没有严重损伤和缺失，整体结构形态符合解剖学的要求。

（4）被选取标本材料需要符合设计制作的基本要求。想要制作出一件合格的塑化标本，选材时尽量要选贴近设计理念的标本。例如，人体类标本"舞蹈者"要尽可能选取身材偏纤细、身体比例适中的标本。

（二）定型制作前标本的处理

标本浸渗过程结束后，不仅标本组织的内部充满了硅橡胶，而且标本各结构之间的空隙中也会存有大量的硅橡胶。

（1）浸渗后的标本需静挂或静置于标本专用控胶台上，以便多余的硅橡胶流出。

（2）静置时间以 24～72h 为宜，时间的长短可根据标本实际体积确定。

（3）静置期间可用刮胶刀将标本表面上的多余硅橡胶初步刮出。

（4）存有空腔类的标本静置前需要去除空腔内的填充物。

（5）静置时，标本表面应覆盖一层薄透明塑料膜，以防止灰尘的覆落和标本干燥。

（6）关节的处理方法。沿关节边缘贴近骨面切开关节，并翻开关节囊，具体方向参照制作要求。在保留关节外形及其周边组织完整的前提下尽量去除关节内部骨性组织，以保证其内部连接点能够完全焊接。

（7）定型前期肌肉的一般处理方法。定型操作时，为了能达到设计图纸的要求，有时必须对某些肌肉进行切断处理。通常我们会对原肌肉采取 45°～75°斜行切断（图 5-35），在切断肌肉时要注意保持切面平整，切断肌肉面不要太薄，便于后期对切断的肌肉恢复。

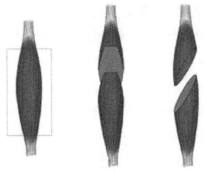

(a) 完整肌肉　(b) 在前后方向　(c)在左右方向上
　　　　　　　上斜行切断肌肉　　斜行切断肌肉

图 5-35　肌肉切断处理示意图

四、标本设计

标本设计包括解剖方式和姿势两个方面的设计。

（1）解剖方式设计。设计解剖方式的目的是确定标本所显示的解剖结构，是通过对标本充分的解剖来展示标本内外部组织结构自身特点及毗邻关系，使得准备展示的解剖结构能够得到充分展示，尽最大可能使标本满足教学或科普等不同的使用目的。

（2）标本姿势设计。标本姿势确定的目的在于展示生命体在自然环境下存在的各种姿势，使标本的造型具有动感和美感，从而消除或减弱标本在使用过程中对参观者造成的恐惧感，让参观者更容易接受标本所传达的教学和科普内容。同时，标本姿势的选择要有利于所展示结构的显示，不能遮挡所显示的结构，并且要有利于观察者观看。例如，展示足底结构时，就要设计一个将足部抬起的动作。

五、塑化标本定型常用方法实例

（一）人体整体标本的定型制作方法

1. 定型制作选例

这里选取女性艺术体操标本（图5-36）为例进行介绍。

2. 女性艺术体操标本制作的目的与意义

选择女性艺术体操造型的原因在于女性艺术体操具有强烈的艺术和谐性，比较符合大众对美学的认知和审视，能引起人们对美的向往，极大地减轻人们对标本实体的恐惧，使大众更加容易接受和了解人体浅层肌肉及部分血管和肌肉的解剖结构。艺术体操造型能够把人体在跳跃、平衡、舞蹈、波浪形态时身体

图 5-36　女性艺术体操标本

各个组织结构的变化充分展示出来。生物塑化标本可借助艺术体操造型让大众更深入地了解人体在运动时身体的各关节、肌肉、韧带等组织结构的形态及变化，了解人类在做动作时各组织结构位置之间的毗邻关系，可以让人们直观地感受到肌肉、关节、韧带等形态改变（收缩、舒张）对于整个形体的影响（关节的屈伸），从而达到提醒人们对于自身机体要妥善保护的目的。该标本通过舞蹈的姿势，巧妙地将足底结构与手掌的结构显示在相近的位置，有利于观察者对两者的解剖结构进行对比分析。

3. 标本的选取及前期物料准备

（1）标本整体要符合定型标本材料要求。具体为：①标本材料必须是脱水、脱脂、浸渗完全的；②标本材料整体的组织颜色自然均一，没有明显的异色；③标本材料整体组织需质地柔软、充盈并富有一定的弹性，没有严重损伤和缺失，整体结构形态符合解剖学的要求；④标本材料需要符合设计制作的基本要求。

（2）整体标本需要选取身材较纤细、身体比例适中的女性标本，理想的标本高为160～170cm。

（3）需手术刀、镊子、止血钳、咬骨钳，手电钻一把，充电电钻一把，振动锯一把，4～18号大连鸿峰生物科技有限公司自制钻头各一个，2～18号Q235A级实心不锈钢带若干。

（4）200cm×60cm×120cm标本专用控胶、定型操作台一个，白寸带若干。

（5）300cm×250cm×450cm 可调式标本形态操作台一个。

4. 内支撑路径及内支撑连接点选择的原则

内支撑路径是标本的主要支撑结构所走的路径，所以在选择路径时，既能保证走行钢筋尺寸的适用，又能保证走行的钢筋隐蔽。在定型制作过程中，为使标本的动作更加自然流畅，对某些特殊部位的钢筋的形态要求比较高。当通过器械弯曲调整无法达到时，需要通过对钢筋断端重新焊接来完成，这时就需要合理地选择内支撑连接点（即内支撑钢筋焊接点）。内支撑连接点的选择原则是尽量减少连接点处骨骼、韧带、关节囊、肌肉等组织的损伤，尽量做到损伤切口小、去除组织少、切口位置隐蔽等（图 5-37）。

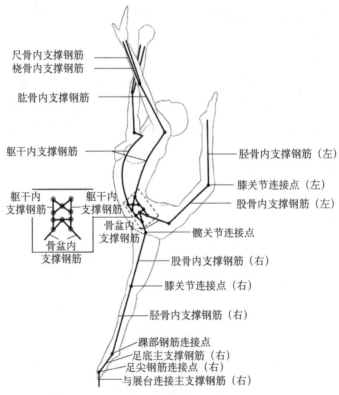

图 5-37　女性体操标本内支撑路径及内支撑连接点示意图

5. 简要定型操作步骤

1）定型前期需要处理的组织结构

（1）标本需打开的关节有上肢需打开的关节（如腕关节、肘关节、肩关节）、下肢需打开的关节（如趾掌关节、踝关节、膝关节、髋关节）、躯干处需打开的关节（如颈椎间关节、胸椎间关节、腰椎间关节、胸肋关节）。

（2）标本需切开的部分肌肉有上肢需切开的肌肉（如尺侧腕屈肌、桡侧腕屈肌、肱桡肌、肘肌、肱二头肌、肱三头肌、三角肌等）、下肢需切开的肌肉（如趾短屈肌、趾长屈肌、胫骨前肌、趾长伸肌、腓肠肌、股二头肌、半膜肌、半腱肌、臀大肌等）、躯干处需切开的肌肉（如竖脊肌、肋间肌、腰大肌、腰小肌等，以及其他部分肌肉）。

（3）标本需切开的韧带有踝关节周围韧带、膝关节韧带、肩关节周围韧带、髋关节周围韧带、肘关节周围韧带、腕关节周围韧带。

（4）标本需切开的骨骼有上肢需切开的骨骼（如桡骨、肱骨、肩胛骨）、下肢需切开的骨骼（如距骨、胫骨、股骨）、躯干处需切开的骨骼（如颈椎、胸椎、腰椎）以及其他部分骨骼。

2）标本固定与形态调整

当部分组织结构切开后，按照图纸对标本进行形态调整。首先在标本的部分承重点（如头部、髋部、踝关节、手腕处等）上用白寸带捆绑固定，用以悬挂标本。捆绑固定时注意不要造成人为性二次组织结构损伤。固定好后，按照预先设计图纸，把标本悬吊于可调式标本形态操作台内进行形态调整，直到符合设计要求。

3）内支撑路径选择与操作

内支撑路径应选择对标本结构破坏少且易于操作、易于焊接、较隐蔽的地方。该造型为艺术体操的造型，单侧脚掌前部触地。故主支撑钢筋的路径选择为脚掌前部、主支撑腿胫骨骨腔内部、膝关节中心部、股骨骨腔内部、经髋关节穿骨盆至盆腔，由盆腔连接副支撑钢筋，分别发往另一侧髋关节、双肩关节及头部。另一侧经髋关节处穿关节出盆腔，沿股骨方向经膝关节至踝关节。双肩关节同样穿关节而出，沿肱骨方向经尺骨、桡骨至腕部。女性艺术体操内支撑连接点选择为脚掌前部、经胫骨平台内侧面膝关节中心部、股骨大转子处、盆腔深面、肱骨头近端外侧 1/3 处、尺骨鹰嘴下端处等。路径选择好后，开始对调整好形态的标本进行开槽、打孔等操作，为后期内支撑钢筋的放入做准备。

4）内支撑钢筋的选择

该造型通常选用女性标本，身材较纤细且为单下肢支撑，所以对标本单下肢的承重性及标本稳定性的要求极高。主支撑钢筋要选取直径较大的实心不锈钢柱，其他部位的承重较低，辅支撑钢筋可选取内直径较小的不锈钢钢筋，遇到承重大的部位，可适当增加钢筋型号。主支撑钢柱可选取直径为 16～18cm 钢柱，辅支撑钢筋可选取 6～10cm 钢筋。具体型号根据实际情况确定。

5）内支撑架体的安装与焊接

在内支撑路径打通后，根据路径长短弯曲或切割方式选择不同型号的不锈钢钢筋，并放于已经打好的内支撑路径内。所有的内支撑钢筋都安装完成后，需要对钢筋连接点进行焊接。

标本定型是一个非常关键的环节，必须保证标本的所有结构都正确合理，标本在此环节尚处于柔软可更改的状态，所以此时的检查尤为重要。通过检查后，标本就可以进入下一道工序开始固化反应了，至此定型工作全部完成。

6. 标本定型时的注意事项

（1）标本内支撑钢筋的连接点尽可能放于各关节内，所有的连接点处关节打开时都以少破坏、易复位、牢焊接为准则，即以最小的破坏完成最牢固的焊接，如膝关节打开时在内侧纵行打开，于髌韧带横向斜形切断，而不是在股四头肌处切断。

（2）定型中切断肌肉是不可避免的，但切断方式特别重要，关乎其后续复位的问题，所以所有的肌肉切断要尽可能地斜行切断。

（3）焊接标本时，焊接部位应显示充分。这样一是让焊接点更加牢固，二是减少因焊接高温对标本造成的高温损害。

（4）制作人员在定型制作过程中要谨遵安全生产原则。

（二）人体器官标本的定型制作方法

1. 定型制作选例

这里选取人体整体内脏标本为例进行介绍。

2. 人体整体内脏标本制作的目的与意义

人体整体内脏标本制作的目的是更直观地展示各个内脏器官的自身特点

及各器官间的解剖学毗邻关系，用以满足教学或科普等不同的使用目的。

3. 标本的选取及前期物料准备

（1）被制作的整体内脏要符合定型标本材料要求。具体为：①标本材料必须是脱水、脱脂、浸渗完全的；②标本材料整体的组织颜色自然均一，没有明显的异色；③标本材料整体组织需质地柔软、充盈并富有一定的弹性，没有严重损伤和缺失，整体结构形态符合解剖学的要求。

（2）标本选取整套离体内脏，各个内脏器官无缺失或缺损。解剖方式为清晰显示各个内脏器官及其毗邻关系。

（3）需用手术刀、镊子、剥离器、手术线、固定针、白色 PE 板、透明塑料膜、气泵机、塑料三通、气体阀门、气体导管等。

（4）150cm×60cm×120cm 标本专用控胶、定型操作台一个。

4. 简要定型操作步骤

（1）用刀具将白色 PE 板按照被制作内脏相邻胸腹腔后壁的形态制作仿制模型（图 5-38）。模型制作完成后，将模型外层完全用透明塑料薄膜进行包裹，再将整体内脏按解剖形态放置于仿制模型上。因整体内脏为独体标本，故无任何附着。制作时，可用固定针将内脏各器官按照解剖学形态进行固定。固定时，除在必要情况下，固定针尽可能不要穿过内脏器官（尤其是空腔脏器）。

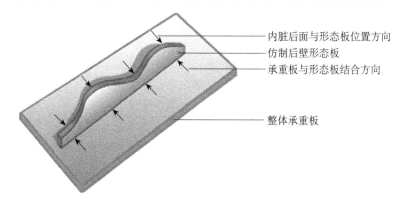

图 5-38 PE 板仿制胸腹腔后壁模型

（2）需在胃大弯下方隐蔽处开一个开口，在空肠隐蔽处开两个开口，在回肠隐蔽处开两个开口，在升结肠中段隐蔽处开一个开口，在横结肠中段隐蔽处开一个开口，在降结肠中段隐蔽处开一个开口。开口的大小、数量、位置根据被制作内脏的实际情况确定。在不影响制作的前提下，开口的尺寸越小越好，开口的数量越少越好，开口的位置越隐蔽越好（图5-39）。

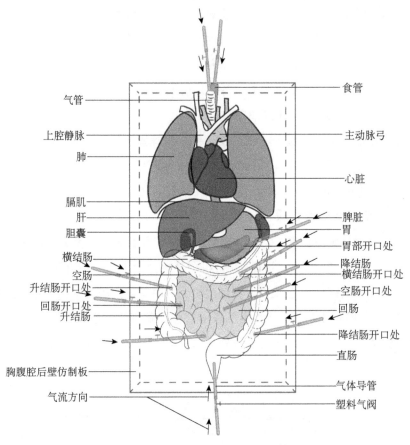

图 5-39　内脏开口与气体导管连接

（3）需在气管断端、食管断端、胃大弯开口处、空肠开口处、回肠开口处、升结肠开口处、横结肠开口处、降结肠开口处、直肠断端插入塑料三通管。插好后再用手术线将插好的塑料三通管同内脏断端、开口处进行完全缝合固定，尽可能保证接口端的密闭性。

（4）将每个插入内脏断端、开口处的气体导管各自连接一个可控式塑料气阀后接入气泵机上（图5-40）。

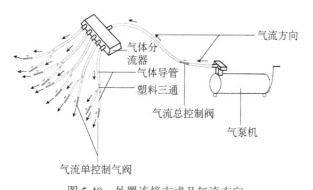

图 5-40　外置连接方式及气流方向

（5）缓慢打开气泵机开始充气。

（三）陆生动物标本的定型制作方法

1. 定型制作选例

这里选取家犬深浅层结合标本（图 5-41）为例进行介绍。

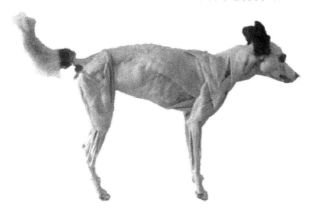

图 5-41　家犬深浅层结合标本

2. 家犬深浅层结合标本制作的目的与意义

通过家犬深浅层结合标本的制作方式，左侧部分主要展示家犬浅层的肌肉、神经、血管、韧带、骨骼等组织结构的位置、形态及走行方式，右侧部分主要展示家犬深层的肌肉、神经、血管、韧带、骨骼等组织结构的位置、形态及走行方式。这种制作方法可以充分显示家犬整体在不同层次下各种肌肉、韧带、神经、血管、骨骼等组织的解剖学结构，让人们更加直观地了解家犬身体的细微结构，从而可以满足教学、科普、展览等不同的使用目的。

3. 标本的选取及前期物料准备

（1）标本整体要符合定型标本材料要求。具体为：①标本材料必须是脱水、脱脂、浸渗完全的；②标本材料整体的组织颜色自然均一，没有明显的异色；③标本材料整体组织需质地柔软、充盈并富有一定的弹性，没有严重损伤和缺失，整体结构形态符合解剖学的要求；④标本材料需要符合设计制作的基本要求。

（2）需选取身体比例适中的家犬标本一个，理想的标本身长为 90～120cm，身高为 70～110cm。解剖方式为：家犬整体左侧去除皮肤、筋膜、脂肪等组织以显示浅层肌肉、神经、腺体、血管的形态及走行，右侧去除皮肤、筋膜、脂肪，前肢去除部分腕桡侧伸肌、部分指浅屈肌、部分指外侧伸肌、部分腕外侧屈肌、部分三头肌、部分背阔肌，胸腹部去除部分胸肌、腹外斜肌，后肢去除部分股二头肌、部分腓肠肌、部分趾浅屈肌、部分胫骨前肌，以显示深层肌肉、神经、血管、腺体、韧带、关节的形态及走行。

（3）需手术刀、镊子、止血钳、咬骨钳，手电钻一把，充电电钻一把，振动锯一把，0.4～1.2cm 大连鸿峰生物科技有限公司自制钻头各一个，0.2～1.2cm Q235A 级实心不锈钢若干，白寸带若干。

（4）150cm×60cm×120cm 标本专用控胶、定型操作台一个。

（5）200cm×150cm×300cm 可调式标本形态操作台一个。

4. 内支撑路径及内支撑连接点选择的原则

内支撑路径是标本的主要支撑结构所走路径，所以在选择路径时，既能保证走行钢筋尺寸的适用，又能保证走行的钢筋隐蔽。在定型制作的过程中，为使标本的动作更加自然流畅，对某些特殊部位的钢筋形态要求比较高。当通过器械弯曲调整无法达到时，要通过对钢筋断端重新焊接来完成，这时就需要合理地选择内支撑连接点（即内支撑钢筋焊接点）。内支撑连接点的选择原则是尽量减少连接点处骨骼、韧带、关节囊、肌肉等组织的损伤，尽量做到损伤切口小，去除组织少，切口位置隐蔽等（图 5-42）。

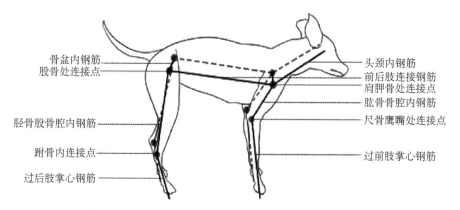

骨盆内钢筋 —— 头颈内钢筋
股骨处连接点 —— 前后肢连接钢筋
—— 肩胛骨处连接点
—— 肱骨骨腔内钢筋
胫骨股骨腔内钢筋 —— 尺骨鹰嘴处连接点
跗骨内连接点 ——
过前肢掌心钢筋
过后肢掌心钢筋 ——

图 5-42 家犬深浅层结合标本内支撑路径及内支撑连接点

5. 简要定型操作步骤

1）定型前期需要处理的组织结构

（1）标本需打开的关节及韧带。前肢需打开的关节有腕关节、肘关节、肩关节等，后肢需打开的关节有踝关节、膝关节、髋关节等，躯干处需打开的关节有颈椎间关节、胸椎间关节、腰椎间关节、胸肋关节等。需打开的韧带有踝关节周围韧带、膝关节韧带、肩关节周围韧带、髋关节周围韧带、肘关节周围韧带、腕关节周围韧带等。

（2）标本需切开的部分肌肉。前肢需切开的肌肉有指浅屈肌、腕桡侧屈肌、臂肌、肱桡肌、肱二头肌、肱三头肌、三角肌等，后肢需切开的肌肉有趾短屈肌、趾长屈肌、胫骨前肌、趾长伸肌、腓肠肌、股二头肌、半膜肌、半腱肌、臀大肌等，躯干处需切开的肌肉有竖脊肌、肋间肌、腰大肌、腰小肌等。

（3）标本需切开的骨骼。上肢需切开的骨骼有桡骨、肱骨滑车、肱骨头外侧部等，下肢需切开的骨骼有跗骨、胫骨髁部、胫骨平台、股骨滑车、股骨大转子等，躯干处需切开的骨骼有颈椎、胸椎、腰椎，以及其他部分骨骼。

2）标本固定与形态调整

当部分组织结构切开后，按照图纸对标本进行形态调整。首先在标本的部分承重点（如头部、髋部、躯干部等）上用白寸带捆绑固定，用以悬挂标本，捆绑固定时注意不要造成人为性二次组织结构损伤。固定好后，按照预先设计图纸把标本悬吊于可调式标本形态操作台内进行形态调整，直到符合设计要求。

3）内支撑路径选择与操作

内支撑路径应选择对标本结构破坏少且易于操作、焊接且较为隐蔽的地方。家犬整体标本的形态为四肢自然站立，所以该标本的双后肢内支撑路径可选择掌部中心处、胫骨骨腔内部、膝关节中心部、股骨骨腔内部、经骨骼髓关节穿骨盆至盆腔。双前肢内支撑路径可选择掌部中心处、桡骨骨腔内部、肱骨骨腔内部、经肩关节中心处到肩胛骨内侧中心处。四肢站立家犬内支撑连接点选择为后肢跗骨部、股骨大转子处、盆腔深面、肩胛骨内侧面中心处、尺骨鹰嘴下端处等。当路径选择好以后，开始对调整好形态的标本进行开槽、打孔等操作，为后期内支撑钢筋的放入做准备。

4）内支撑钢筋的选择

该造型为家犬四肢自然站立。标本整体承重可由四肢分散，所以四肢内都要走内支撑钢筋，内支撑钢筋可选取直径相等的实心不锈钢柱。内支撑钢柱可选取 10～12cm 的钢柱。具体型号根据实际情况确定。

5）内支撑架体的安装与焊接

在内支撑路径打通后，根据路径长短弯曲或切割方式选择不同型号的不锈钢钢筋，并放于已经打好的内支撑路径内。所有的内支撑钢筋都安装完成后，需要对钢筋连接点进行焊接。

标本定型是一件非常严肃、严谨的事情，必须保证标本的所有结构都正确合理。标本在此环节处于柔软可更改的状态，所以此时的检查尤为重要。标本通过检查后，就可以进行下一道工序了，至此定型工作全部完成。

6. 标本定型时应注意的事项

（1）标本内支撑钢筋的连接点尽可能放于各关节内，所有的连接点处关节打开时都以少破坏、易复位、牢焊接为准则，即以最小的破坏完成最牢固的焊接，如膝关节打开时在内侧纵行打开，于髌韧带横向斜形切断，而不是在股四头肌处切断。

（2）定型中切断肌肉是不可避免的，但切断方式特别重要，关乎其后续复位的问题，所以所有的肌肉切断均为斜形切断。

（3）焊接标本时，焊接部位应显示充分。这样一是让焊接点更加牢固，二是减少因焊接高温对标本造成的高温损害。

（4）制作人员在定型制作过程中要谨遵安全生产原则。

（四）海洋动物标本的定型制作方法

1. 定型制作选例

这里选取海豚骨骼韧带内脏与浅层结合标本（图 5-43）为例进行介绍。

(a) 右侧部分　　　　　　　　　　　　　　　　(b) 左侧部分

图 5-43　海豚骨骼韧带内脏与浅层结合标本

2. 海豚骨骼韧带内脏与浅层结合标本的制作目的与意义

海豚骨骼韧带内脏与浅层结合标本的左侧部分主要展示海豚浅层的肌肉、血管、韧带等组织结构的位置、形态及走行方式。右侧部分主要展示海豚深层的骨骼、肌肉、血管、韧带、右侧部内脏等组织结构的位置、形态及走行方式。这种制作方法不仅可以显示海豚浅层的肌肉、韧带、血管，还可以同时显示海豚的部分内脏器官，可以让海豚整体解剖学结构特征在同一件标本上显示，不仅起到教学、科普、展览的使用目的，还增加了教学、科普、展览的意义。

3. 标本的选取及前期物料准备

（1）被制作的海豚标本要符合定型标本材料要求。具体为：①标本材料必须是脱水、脱脂、浸渗完全的；②标本材料整体的组织颜色自然均一，没有明显的异色；③标本材料整体组织需质地柔软、充盈并富有一定的弹性，没有严重损伤和缺失，整体结构形态符合解剖学的要求；④标本材料需要符合设计制作的基本要求。

（2）选取 2500mm 长海豚一只。解剖方式为：标本整体右侧去除皮肤、筋膜、脂肪、大部分肌肉、部分内脏，以显示骨骼及韧带、保留的内脏、血管的形态及其毗邻关系。左侧去除皮肤、脂肪、筋膜等，显示浅层肌肉、血管的形态及其走行。

（3）需要手术刀、镊子、止血钳、咬骨钳，手电钻一把，充电电钻一把，振动锯一把，10～32mm 大连鸿峰生物科技有限公司自制钻头各一个，10～32mm 实心不锈钢柱，白寸带若干。

（4）2000mm×600mm×1200mm 标本专用控胶、定型操作台一个。

（5）3000mm×2500mm×4500mm 可调式标本形态操作台一个。

4. 内支撑路径及内支撑连接点选择的原则

内支撑路径是标本的主要支撑结构所走路径，所以在选择路径时，既能保证走行钢筋尺寸的适用，又能保证走行的钢筋隐蔽。在定型制作的过程中，为使标本动作更加自然流畅，对某些特殊部位的钢筋形态要求比较高。当通过器械弯曲调整无法达到时，要通过对钢筋断端重新焊接来完成，这时就需要合理地选择内支撑连接点（即内支撑钢筋焊接点）。内支撑连接点的选择原则是尽量减少连接点处骨骼、韧带、关节囊、肌肉等组织的损伤，尽量做到损伤切口小，去除组织少，切口位置隐蔽等（图 5-44 和图 5-45）。

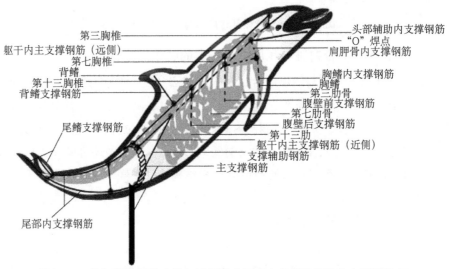

图 5-44 海豚骨骼韧带内脏与浅层结合标本内支撑路径及内支撑连接点

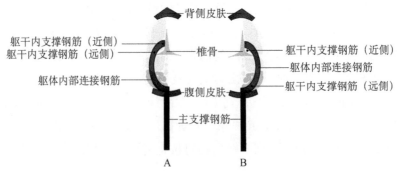

图 5-45 海豚骨骼韧带内脏与浅层结合标本躯干部内支撑路径及内支撑连接点

A、B 海豚骨骼韧带内脏与浅层结合标本尾部内支撑路径及内支撑连接点

5. 简要定型操作步骤

1）定型前期需要处理的组织结构

（1）标本需打开的关节及韧带。尾椎关节、胸椎关节、肩关节、前纵韧带、肩关节周围韧带等。

（2）标本需切开的部分肌肉。背阔肌、肩胛下肌、胸肌等。

（3）标本需切开的骨骼。胸椎、尾椎、肱骨、肋骨等。

2）标本固定与形态调整

当部分组织结构切开后，按照图纸对标本进行形态调整。首先在标本的部分承重点（如头部、髋部、躯干部等）上用白寸带捆绑固定，用以悬挂标本，捆绑固定时注意不要造成人为性二次组织结构损伤。固定好后，按照预先设计图纸把标本悬吊于可调式标本形态操作台内进行形态调整，直到符合设计要求。

3）内支撑路径选择与操作

内支撑路径应选择对标本结构破坏少且易于操作、焊接且较为隐蔽的地方。由于标本为鲸豚类标本，需要整体固定于外固定支架上空一定高度，不与其直接接触，所以需要暴露一段主支撑钢筋。标本造型为水中自然游动姿态，身体长轴与水平面呈约 45°角。由于标本整体重心已经偏向后方，主支撑钢筋越接近重心，标本就越稳，相应地对支撑钢筋的直径要求就降低，因此主支撑钢筋的位置选在标本腹部，生殖区（阴茎或阴道）前方，大约在整体长度 2/3 的位置。这样既可以避免破坏重要的结构；又可以减少主支撑钢筋的过度暴露（如果位置向前，则会在腹腔内暴露）。由于标本没有内脏，所以胸腹腔内不能有支撑钢筋，主支撑钢筋前面的支撑钢筋只能选择脊椎横突上方的轴上肌内行走。为防止标本整体旋转，需要用 2 根钢筋行走于脊椎旁边，并最终固定于头部，后面同样需要 2 根钢筋，上下平行固定在尾椎上，最终与尾鳍相连。路径选择好以后，开始对调整好形态的标本进行开槽、打孔等操作，为后期内支撑钢筋的放入做准备。

4）内支撑钢筋的选择

该造型为海豚在自然环境下的游动姿态。标本整体承重为腹部单立柱支撑，故支撑立柱需选用较粗的实心不锈钢柱。支撑钢柱可选取 22～35cm 的钢柱。例如，本标本约重 75kg，一根支撑钢筋在靠近泄殖腔的位置，应选用直径为 28～32mm 的实心不锈钢柱，内部主支撑钢筋可选用 22～25mm 的实心不锈钢柱，具体型号根据实际情况确定。

5）内支撑架体的安装与焊接

在内支撑路径打通后，根据路径长短弯曲或切割方式选择不同型号的不锈钢钢筋，并放于已经打好的内支撑路径内。当所有的支撑钢筋都安装完成后，需要对钢筋连接点进行焊接。由于海豚标本的体型、重量较大，尾部的形态调整不宜在悬挂的情况下进行，可以在标本专用控胶、定型操作台上调整，直至符合设计图中的角度。局部固定标本形态，按照设计图内的标本比例，尾部可用实心不锈钢柱做稳固支撑。选用大连鸿峰生物科技有限公司自主研发的自动跟踪曲线的钢筋折弯机将尾部支撑钢筋折成所需形态，再用手电钻在尾部椎体内打孔并穿入已经折好的钢柱加以固定。

因海豚的生理学特性，海豚身体前方 1/3 部分的形态基本不会有太大的改变，因此不会影响定型工序的基本操作步骤。当尾部的形态固定后，就可以将标本悬挂起来，进行最终的定型工作。

6. 标本定型时的注意事项

标本定型时应该注意以下几点：

（1）标本内支撑钢筋的连接点尽可能放于各肌肉、关节内，所有的连接点处组织结构打开时都以少破坏、易复位、牢焊接为准则，即以最小的破坏完成最牢固的焊接，如椎体关节打开时在内侧纵行打开，于前纵韧带横向斜形切断，而不是在各椎体关节后方处切断。

（2）定型中切断肌肉是不可避免的，但切断方式特别重要，关乎其后续复位的问题，所以所有的肌肉切断均为斜形切断。

（3）焊接标本时，焊接部位应显示充分。这样一是让焊接点更加牢固，二是减少因焊接高温对标本造成的高温损害。

（4）制作人员在定型制作过程中要谨遵安全生产原则。

（五）硬骨鱼类骨骼标本的定型制作方法

1. 定型制作选例

这里选取翻车鱼骨骼韧带标本（图 5-46）为例进行介绍。

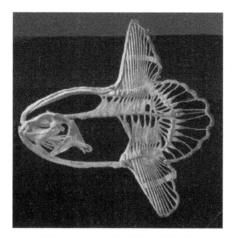

图 5-46　翻车鱼骨骼韧带标本

2. 翻车鱼骨骼韧带标本的制作目的与意义

翻车鱼属于硬骨鱼类，其骨骼组成与普通硬骨鱼类有非常大的区别。该标本采用完全去除肌肉、内脏，仅保留完整骨骼的展示方法，突出展示硬骨鱼类的骨骼组成及其特点。这种制作方式完美地解决了传统干制硬骨鱼类骨骼的困难，打破了骨骼标本制作上的束缚，使得骨骼标本的种类大大增加，在教育、科普等领域起到不可忽视的作用。

3. 标本的选取及前期物料准备

（1）被制作的翻车鱼标本要符合定型标本材料要求。具体为：①标本材料必须是脱水、脱脂、浸渗完全的；②标本材料整体的组织颜色均一，没有明显异色；③标本材料需整体完整，无大的缺损；④标本材料需要符合设计制作要求。

（2）选取成年翻车鱼一只。解剖方式为：保留标本四周约 3cm 的皮肤，去除所有肌肉、内脏，以显示骨骼及其连接。

（3）需要手术刀、镊子、止血钳、咬骨钳、振动锯、手电钻、充电电钻各一把，2～22mm 实心不锈钢柱、白寸带若干。

（4）2000mm×600mm×1200mm 标本控胶、定型操作台一个。

（5）3000mm×2500mm×4500mm 可调式标本形态操作台一个。

4. 内支撑路径及连接点的选择

内支撑路径及连接点的选择如图 5-47 所示。

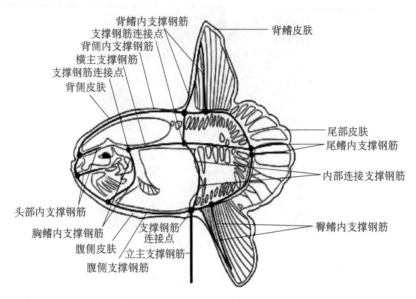

图 5-47　翻车鱼骨骼标本内支撑路径

5. 简要定型操作步骤

（1）定型前期处理。用振动锯切开所选择连接点的骨骼，注意要矢状切开。

（2）标本固定与形态调整。按照设计图纸，于标本能承重的位置系上白寸带，悬挂于可调式标本形态操作台上，并调整形态。

（3）内支撑钢筋的选择与安装。根据该标本的结构特性，内支撑钢筋选择在较粗的骨骼内与保留的皮肤内，外露的支撑钢筋则选在泄殖腔与鳍之间的位置。该标本的重量约为 35kg，上下尺寸约为 2000mm，因此我们选择 22mm 直径的不锈钢柱作为其外支撑钢筋、14mm 不锈钢柱作为其内主支撑钢筋，其余辅助支撑钢筋的选择以标本牢固安全为原则，尽量小于其行走路径。在路径打通后，按照形状处理好支撑钢筋，并安放到路径内。

（4）支撑钢筋的焊接。由于该标本为纯骨骼塑化标本，连接点外面的组织结构非常少，因此焊接时需采用多次、短时间焊接，以保证标本的质量及牢固程度，同时做好标本连接点周围的保护工作。焊接完成后，需检查所有的连接点，并测试标本的牢固程度，检查通过后才可进行下一步工作。

6. 标本定型时的注意事项

（1）该标本为硬骨鱼类的骨骼，骨骼非常脆弱，需要加倍保护，以保证标本后续修复工作的顺利进行。

（2）所有的连接点处组织结构打开时都以少破坏、易复位、牢焊接为准则，即以最少的破坏可以完成最牢固的焊接。

（3）制作人员在定型制作过程中要谨遵安全生产原则。

（六）珍稀动物标本的定型制作方法

1. 定型制作选例

这里选取抹香鲸骨骼韧带内脏与浅层结合标本为例进行介绍。

2. 定型制作标本的简介

此标本为2016年2月14日在江苏省南通市如东县洋口港因搁浅而自然死亡的两头抹香鲸之一"洋洋"。这头抹香鲸的体长约为15m、体宽约为2.8m、体重约为40t（图5-48）。

3. 抹香鲸"洋洋"整体塑化标本的制作目的和意义

抹香鲸"洋洋"整体塑化制作的完成将会是世界上第一个抹香鲸整体塑化标本，同时也将在相当长的一段时期内成为世界上最大的整体塑化标本。它的制作完成将会填补超大型动物整体塑化标本的空白，同时填补超大型整体塑化标本制作方式及方法的空白，将会为以后此类整体塑化标本的制作提供一定的参考价值。因此，抹香鲸"洋洋"的塑化制作完成意义非凡。大连鸿峰生物科技有限公司制作抹香鲸"洋洋"整体塑化标本的目的不仅是让它长久保存，而且通过独有的设计和制作方法让抹香鲸"洋洋"整体的生理学结构、解剖学结构的特征在同一件标本上得以充分展示。它成功的制作与保存对教学、科普、展览提供了很多的帮助，也对海洋动物的研究起到很重要的作用。

图 5-48　抹香鲸"洋洋"（陈建明摄）

4. 抹香鲸"洋洋"整体塑化标本的设计

由于抹香鲸"洋洋"的塑化制作完成是世界上第一只运用塑化方法来保存的抹香鲸整体标本,同时也是世界上最大的整体塑化标本,所以在设计时不但要展示抹香鲸在自然环境下的生存动作,并且要尽可能多地显示抹香鲸在生理学、解剖学上自身独有的结构特征。在设计抹香鲸"洋洋"时,动作上选用抹香鲸在海水中自然游动时的形态。在展示抹香鲸自身生理学、解剖学上的独有结构特征时,设计是运用解剖方法显示抹香鲸"洋洋"右侧部的浅层肌肉、血管、韧带等组织结构的位置、形态及走行方式。解剖显示左侧部深层的骨骼、肌肉、血管、韧带、内脏器官等组织结构的位置、形态及走行方式。抹香鲸整体标本的背侧和腹侧保留一定量的皮肤。这种制作方法不仅可以显示抹香鲸浅层的肌肉、韧带、血管,并且可以同时显示抹香鲸的部分内脏器官。

5. 标本的选取及前期物料准备

(1)被制作的抹香鲸标本要符合定型标本材料要求。具体为:①标本材料必须是脱水、脱脂、浸渗完全的;②标本材料整体的组织颜色自然均一,没有明显的异色;③标本材料整体组织需质地柔软、充盈并富有一定的弹性,没有严重损伤和缺失,整体结构形态符合解剖学的要求;④标本材料需要符合设计制作的基本要求。

(2)抹香鲸长约 15m。身体最大横截面为 2.5m×2.9m 的椭圆形。体重约为 40t。皮肤最厚处约为 30cm。头部骨骼长约 5m,占身体总长的 1/3。下颌骨长约 4m。

(3)解剖方式为左侧重点显示骨骼韧带、内脏,右侧重点显示浅层肌肉、血管。

(4)需要手术刀、镊子、手锯、止血钳、咬骨钳,自制刀具若干,自制骨凿若干,手电钻 10 把,充电电钻 10 把,振动锯 5 把,各种型号自制钻头若干,各种型号自制开孔器头若干,各种型号钢材若干。

(5)2000mm×600mm×1200mm 标本专用控胶、定型操作台 50 个。

6. 内支撑路径及内支撑连接点选择的原则

内支撑路径是标本的主要支撑结构所走路径，所以在选择路径时，既能保证走行钢筋尺寸的适用，又能保证走行的钢筋隐蔽。在定型制作的过程中，为使标本动作更加自然流畅，对某些特殊部位的钢筋形态要求比较高。当通过器械弯曲调整无法达到时，要通过对钢筋断端重新焊接来完成，这时就需要合理地选择内支撑连接点（即内支撑钢筋焊接点）。内支撑连接点的选择原则是尽量减少连接点处骨骼、韧带、关节囊、肌肉等组织的损伤，尽量做到损伤切口小，去除组织少，切口位置隐蔽等。

7. 抹香鲸整体形态内支撑架

要想成功完成世界上最大的整体塑化标本的制作，首先需要解决抹香鲸"洋洋"整体结构稳定性的问题。在大连鸿峰生物科技有限公司制作团队的反复研究、论证下，最终决定为抹香鲸"洋洋"量身打制一副特殊的钢制"骨架"（图5-49）。这副钢制"骨架"会结合"洋洋"自身的骨骼来为抹香鲸的整体稳定性提供有力保障。这副钢制"骨架"就是整体形态内支撑架。它的制作完成不仅保证了抹香鲸"洋洋"的结构稳定，而且使抹香鲸"洋洋"的结构展示、身体形态及运输安全等问题得以保证。抹香鲸整体形态内支撑架的制作方法也适用于其他大型脊椎动物，从而可以使稀缺的大型脊椎动物可以通过塑化方法进行保存，使大型脊椎动物所有的生理学、解剖学特征和生存形态得以展示，塑化标本更易运输、保存且不易变形和失型。

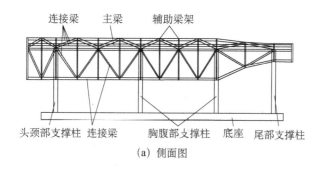

(a) 侧面图

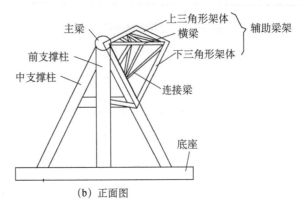

(b) 正面图

图 5-49 抹香鲸内、外支撑架体

抹香鲸整体形态支撑架体主要由以下几个部分组成：①底座支撑架体部分；②内主要支撑架体部分；③外辅助支撑架体部分。各架体钢材材料的选择是通过结构力学、工程力学等相关学科的计算、分析确定的。

（1）底座支撑架体部分钢材材料的规格（图 5-50）：工字梁，H=200mm。

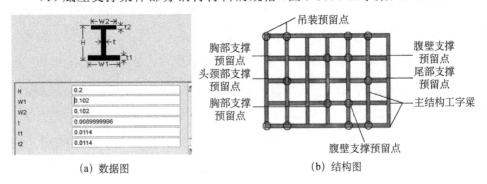

(a) 数据图   (b) 结构图

图 5-50 底座工字梁

（2）内主要支撑架体部分材料的规格：主梁 DN200，外径 219mm，壁厚 5.5mm；支柱 DN200，外径 219mm，壁厚 5.5mm（前后单柱）；支柱 DN150，外径 168.3mm，壁厚 4.5mm（八字支柱）；辅助梁 DN50，外径 57mm，壁厚 3.5mm；辅助焊管 DN20，外径 26.75mm，壁厚 2.75mm。

8. 简要定型操作步骤

（1）头尾定型。将头尾用技术手段连接复原为原来的组织结构，并用适度的实心不锈钢柱连接于主支撑结构上。

（2）其余骨骼定型。将所需要展示的骨骼用适用型号不锈钢实心钢柱固定，并按原有生理形态牢固焊接于主支撑结构上。

（3）保留皮肤定型。将需展示的保留皮肤用实心不锈钢柱焊接于辅助结构上，并保证牢固度。

（4）内脏与中央切面定型。将内脏按照生理结构连接于主支撑结构上，并制作中央切面，如肌肉等结构。

（5）浅层肌肉的定型。将需展示的浅层肌肉按照结构焊接于主体结构上。

第五节　硅橡胶标本的固化

固化即是通过化学反应，用固化剂使标本内的高分子化合物通过交联反应固化成固体，这个过程不可逆。固化后高分子化合物的分子间形成立体交联结构，形态由液态转变为固态，标本表面不再发黏，标本的形态也永久性地固定。

一、设备

固化工序通常需要如下设备：

（1）可密闭的固化空间。防止固化剂泄漏，影响固化效果，也避免对环境的空气污染。

（2）气泵。通过向固化剂中传送气体，通过气泡的生成并不断破裂，液态的固化剂转变为气态而挥发，增加空气中固化剂的浓度，以达到全面固化的目的。

（3）烧杯或类似容器。用来盛放固化剂。

（4）悬挂架及镂空平台。用于悬挂标本，有利于标本全面而均匀地接触固化剂气体，使固化效果更加理想。

（5）浴霸灯泡。用来升高固化间内的温度，加快固化进程。

（6）吊式风扇。可以使固化间内的固化剂气体产生气流，从而通过固化剂气流的循环使标本各处均可以与固化剂接触。

二、固化的基本方法

1. 标本摆放

将标本放置于固化间内，最好使标本全部暴露于空气中，减少标本与其他物品的直接接触面积，这样的固化效果最好。

根据标本种类不同，主要有平放、悬挂两种固化方式。

（1）平放。通常一些小件标本采用平放的方法固化，如内脏标本、脑标本等。此类标本无法悬挂摆放，只能放置于镂空的固化平台上固化。

（2）悬挂。一般情况下，四肢标本、躯干标本等有承重点能悬挂于固化间内的标本采用此法固化。

2. 初步气体固化

初步气体固化一般以常温固化为主，主要目的是使标本表面进行初步固化，使其整体形态固定不变形。

（1）在固化间的四周摆放几个烧杯类的容器（容量约为 1000L），高度最好位于固化间的中间，因为固化剂汽化后的密度高于空气，所以调高容器的位置可以使标本更好地固化。数量根据空间大小及标本数量确定，通常的数量为 1 个/m²（以地面的面积计算）。如果标本过多或空间过高，则应适当增加容器的个数。

（2）在容器中加入 2/3 的固化剂，从气泵的出气口接出气管放置于烧杯内并固定，然后打开气泵检查气泵及气管的出气情况，并调整气流速度，使容器内的固化剂气泡平稳翻滚，以不溅出容器为宜。

（3）封闭固化间，使整个固化空间密封，然后打开气泵和风扇的开关，使固化剂气化并流动起来。

3. 去除填充

初步固化 2～3 天后，为有利于标本内部固化，需要去除在修复环节临时固定标本形态的固定物。

（1）临时固定物。一般包括珠针、自制钢针等，需用工具（如止血钳、持针器、克丝钳等）拔出，拔的时候需要先顺时针或逆时针旋转固定钢针，待其松动后再拔出，以防止损坏标本结构。

（2）临时填充物。一般为塑料薄膜或者塑料板，需用镊子等工具沿其表面与组织之间钝性分离后再夹出。

4. 深度固化

标本内的临时填充物及固定物完全移除后，需要对标本进行深度的完全固化，步骤同初步固化，主要分为以下三种方式。

（1）常温固化。指在一般的室温情况下固化标本，适用于骨骼、脑、皮毛等易收缩、不耐高温的标本。

（2）高温固化。指在加热的情况下（温度保持在 45～60℃）进行固化反应，适用于大部分标本（除需常温固化的标本）。

（3）红外固化。指在使用红外灯泡照射的情况下固化标本，适用于需要尽快固化的标本，红外照射可以加快固化的速率，但是标本较常规固化的标本硬。

三、固化的注意事项

（1）固化时间。不同的标本固化时间也不相同，如脑标本、骨骼标本的固化时间相对短一些，为 20～25 天，而肌肉标本的固化时间为 35～40 天，大型肌肉标本的固化时间为 50～60 天，内脏的固化时间则为 30 天左右，其中空腔脏器约为 15 天。

（2）摆放位置。在高温固化时，由于使用浴霸灯泡进行加热，其正前方的温度极高，远远超出标本的耐受能力，极有可能损坏标本甚至引发火灾，所以需要使标本与加热源保持超过 30cm 的距离。

（3）人身安全。固化过程中会使用大量的化学试剂，为了减少化学试剂对人体的影响，工作人员在操作过程中需要佩戴全面的 3M 防护面具，并保持固化间外面通风良好。

（4）废物回收。拔除的填充物因沾染上固化剂，需远离未固化的标本，并单独使用垃圾袋进行存放，以防止填充物上的固化剂与其他不需要固化的标本接触。

第六节　硅橡胶标本的后期清理

一、后期清理的目的

清理就是在标本固化后，将标本表面的多余硅橡胶及异物（灰尘、毛刺等）清除干净，保持标本表面的整洁性、平滑性等。

二、器械

清理标本需要用到如下器械：

（1）手术刀柄及配套刀片。通常选用 3 号、4 号刀柄及配套的 11 号、23 号刀片，这是在实践中总结出的最适合清理标本的器械。

（2）自制刮胶工具。通常比刀片钝一些的类刀式工具，这样不容易损坏标本组织。

（3）板刷。用以随时清除剥下的硅橡胶及组织，暴露需清理的视野。

三、步骤及方法

清理时需先观察标本表面的硅橡胶情况，以选择相应的工具及方法。

（1）削。使用刀片剥除适用于标本表面硅橡胶较厚或异物、毛刺等较多的情况，具体为刀片与标本表面呈 0°～10°，顺着刀刃的方向用力，向前削割标本表面，暴露标本的实际组织。此过程可以用另一只手的拇指抵住刀背，以辅助削割。

（2）刮。使用刀片或者刮刀，以垂直于受刮表面的角度，沿肌丝方向或者组织结构方向，单向均匀地刮标本表面，以去除表面多余硅橡胶。

（3）剜。使用刀片对需清理部位做"V"形或者"圆锥"形切口并切除切口中间的组织。此方法适用于标本深层、沟、缝等部位的清理，通常沿着沟、缝等的走行做切口。

四、操作注意事项

（1）力度。清理时需要保持均匀的力度，切忌突然发力，否则容易损伤标本、破坏组织结构，更容易使自己或者他人受到伤害。

（2）角度。当刮标本时，刀片需向用力的方向稍微倾斜，并随标本表面坡度的改变而改变。

（编写者：韩　建　王　喆　刘　虎　朱航宇　郑长良　孙诗竹　隋鸿锦）

本章参考文献

郭光文，王序，何维为，等. 2000. 人体解剖彩色图谱. 北京：人民卫生出版社.

卡尔，等. 2001. 人体解剖学及彩色图谱. 毕玉顺，李振华，译. 济南：山东科学技术出版社.

马克·卡沃丁. 2005. 鲸与海豚. 台湾猫头鹰出版社，译. 北京：中国友谊出版公司.

孟庆闻，李文亮. 1992. 鲨和鳐的解剖. 北京：海洋出版社.

隋鸿锦. 2012. 深海鱼影：海洋脊椎动物的奥秘. 北京：科学出版社.

王丕烈. 2012. 中国鲸类. 北京：化学工业出版社.

第六章　生物塑化技术的操作步骤

第一节　硅橡胶技术

硅橡胶技术可以制作出有韧性、有弹性、不透明的生物塑化标本。生物标本在防腐固定和脱水后，经硅橡胶浸渗，再经固化步骤完成塑化标本。生物塑化技术的关键点在于浸渗。浸渗使用不同的聚合物，标本会呈现不同的外观效果（图 6-1 和图 6-2）。

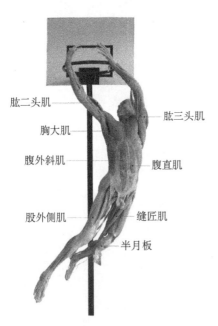

肱二头肌
胸大肌
腹外斜肌
股外侧肌

肱三头肌
腹直肌
缝匠肌
半月板

图 6-1　投篮者的浅层肌肉
（硅橡胶技术制作）

图 6-2　犬浅层肌肉标本
（硅橡胶技术制作）

一、S10 低温塑化技术

S10 低温塑化技术是生物塑化技术中最常用的技术，世界各地的初学者和有经验的塑化工作者都在使用这项技术。S10 塑化标本可室温保存，且无毒、无气味。S10 塑化标本能够真实地显示其结构形态，并且方便手持观察，使其得到广泛应用，尤其是应用在教学方面。另外，S10 塑化标本除了展示人体局部，还可以展示人的整体。

S10 低温塑化技术的标准流程有如下几步。

1. 固定

生物标本使用 5%～20%福尔马林固定。避光保存，有助于保持标本自然的色泽。固定空腔脏器时须事先将其扩张支撑。

如果标本着色或变暗需要漂白，可使用 1%～2%双氧水溶液，时间一般为3 天，可根据漂白效果调整长短。

另外，防腐剂常含长链醇类（如丙三醇），在脱水前必须去除，否则有损塑化标本的质量。

2. 脱水

脱水过程会去除标本中的水和部分脂肪。乙醇和丙酮是可用于塑化的脱水剂，其中丙酮更常用。为了尽量控制标本的收缩程度，脱水在低温丙酮溶液（-25～-15℃）中进行。为达到较好的脱水、脱脂效果，丙酮溶液的用量一般为标本体积的 10 倍。

具体流程如下：

（1）标本预冷（5℃水浴 12h）。

（2）移入丙酮溶液（-25℃）：97%丙酮溶液（2～3 周），100%丙酮溶液（1 周）。

丙酮溶液每置换 2～3 天后，搅拌丙酮溶液后用酒精比容计检查纯度。当丙酮溶液含水量稳定地小于 1%时，脱水就完成了。

（3）脱脂过程是在常温下进行的。将脱水标本移入室温丙酮溶液（或二氯甲烷）中保存一段时间（脱脂过程不能用于神经组织，尤其是大脑）。

3. 真空浸渗

真空浸渗是生物塑化技术的核心步骤，在真空下进行。在强真空浸渗过程中，丙酮作为媒溶剂被可固化聚合物 Hoffen S10 置换。硅橡胶 S10 与固化剂 Hoffen S3 混合，启动硅橡胶分子端与端连接。这种连接过程在室温下进展较快，在−25～−15℃时进展缓慢。

具体流程如下：

（1）将脱水标本沉浸在低温（−25～−15℃）聚合物混合物中，硅橡胶 S10 加注固化剂 Hoffen S3（配比为 100∶2）。

（2）经过几天的沉浸后，缓慢开启真空，在 3～5 周内从 1atm①逐渐降低压力直到达到压力为 5mmHg②。随着真空度逐渐增大，沸点较低的媒溶剂（丙酮）沸腾，不断从标本中溢出，聚合物表面开始出现气泡。气泡出现率是真空调节的依据。浸渗过程通过观察混合物表面气泡的形成和真空计来监测。

硅橡胶 Hoffen S10 浸渗时间与压力的关系为，第一周后，浸渗压力应降至起始压力的 1/3（起始压力丙酮为 180mmHg，二氯甲烷为 340mmHg），第二周后应降至初始压力的 2/3，第三周后应降到至少 4mmHg。

当浸渗完成后，回收剩余的混合物。

4. 气体固化

标本浸渗完成后进入固化流程。气体固化剂 Hoffen S6 是一种在室温下蒸发的液体。将标本和一个盛有 Hoffen S6 的烧瓶共同放置在一个尽量小的密闭容器中数周。为了保持干燥的固化环境，固化容器中还需放置干燥剂（如无水氯化钙）。

气体固化步骤：标本暴露在 Hoffen S6 气体中固化 3～7 天，可用气泵或风扇加速 Hoffen S6 液体蒸发和空气流动，每天擦除多余聚合物。然后使用塑料袋等密闭保存标本 1～3 个月。

慢速固化是将标本在室温下放置 1～6 个月后再用 Hoffen S6 进行气体固化的过程；快速固化是将标本浸渗完成后直接进行气体固化的过程。慢速固化

---

① 1atm=101.325kPa。

② 1mmHg=0.1333kPa。

可以获得更柔韧的标本，但耗时较长。快速固化时间短，但制得的标本较硬。

二、室温塑化技术

国际上还有一种在室温下进行硅橡胶塑化的技术。在室温下进行塑化，选用的硅橡胶黏度低、流动性好，因此在真空浸渗阶段可以快速进行，所用时间较低温塑化技术明显缩短。但由于室温塑化所选用的硅橡胶流动性过高，在标本定型时硅橡胶试剂会大量从标本组织间隙中流出，导致标本的外形皱缩、缩水比较明显。因此，室温塑化技术目前常用于保存皮毛标本，或用于对外形或造型要求不高的标本制作。

低温塑化技术中使用的可固化聚合物 Hoffen S10 是硅橡胶 S10 与固化剂 Hoffen S3 的混合物，室温时即启动硅橡胶分子端与端连接，且进展较快，在低温（−25～−15℃）时进展变得缓慢，故真空浸渗需在低温下进行。

而室温塑化技术使用的可固化聚合物混合剂是硅橡胶与催化剂的混合物，在室温下不发生聚合，因此可以在室温下进行真空浸渗。其技术流程在真空浸渗步骤之前与硅橡胶 S10 低温塑化技术基本相同。在固化反应时，需要在标本表面涂抹固化剂完成固化反应。

具体流程如下。

1. 固定

生物标本使用 5%～20%福尔马林固定。避光保存，有助于保持标本自然的色泽。对于空腔脏器，固定时须事先将其进行扩张支撑。

如果标本着色或变暗需要漂白，可使用 1%～2%双氧水溶液，时间一般为3 天，可根据漂白效果调整。

另外，防腐剂常含长链醇类（如丙三醇），在脱水前必须去除，否则会降低塑化标本质量。

2. 脱水

脱水过程是去除标本中的水和部分脂肪。乙醇和丙酮是可用于生物塑化技术的脱水剂，其中丙酮更常用。为了尽量控制标本的收缩程度，脱水需在低温丙酮溶液（−25～−15℃）中进行。为达到较好的脱水、脱脂效果，丙酮溶液的用量一般为标本体积的 10 倍。

具体流程如下：

（1）标本预冷（5℃水浴 12h）。

（2）移入丙酮溶液（−25℃）：97%丙酮溶液（2～3 周）；100%丙酮溶液（1 周）。

丙酮溶液每置换 2～3 天后，搅拌丙酮溶液后用酒精比容计检查纯度。当丙酮溶液含水量稳定地小于 1%时，脱水完成。

（3）脱脂过程是在常温下进行的。将脱水标本移入室温丙酮溶液（或二氯甲烷）中保存一段时间（脱脂过程不能用于神经组织，尤其是大脑）。

3. 真空浸渗

真空浸渗是在室温真空下进行的。最常用的硅橡胶塑化试剂有：PR10 和 PR14（硅橡胶聚合物），Ct30 和 Ct32（固化剂，预先混合），Cr20 和 Cr22（催化剂）。

室温配制可固化聚合物，PR10（或 PR14）：Cr20（或 Cr22）体积比为 100：10。

具体流程如下：

（1）将脱水标本沉浸在室温聚合物混合物中，标本和浸渗液充分接触过夜。

（2）预热真空泵后开启真空，在当日内从 1atm 逐渐降至约 280mmHg，直至媒溶剂（丙酮）沸腾，气泡快速溢出。在 3 天或者更长的时间逐步降低气压，保持气泡快速溢出，直至气泡停止溢出，气压一般要小于 5mmHg。恢复至大气压。

当浸渗完成后，回收剩余的混合物。

4. 固化

标本浸渗完成后进入固化流程。从浸渗液中取出标本，放置过夜让浸渗液流净；次日，反复去除擦净标本表面多余的硅橡胶混合物；第三天，在标本表面涂刷固化剂 Ct30 或 Ct32，然后将标本封入密封袋，进行固化。逐日开袋检查固化进程，如果标本表面湿润，则再次涂刷 Ct30 或 Ct32，然后将标本封入密封袋，直至发现标本表面干燥，才完成固化。固化过程一般在一周内完成。

标本固化完成后，在室温下可长期保存。通过 S10 硅橡胶技术制作的标本质量稳定，表面清晰度非常好，且标本具有一定的柔韧度；标本耐用、干燥且无毒无味，是课堂和临床中优秀的辅助教具。随着标本数量的不断增加，可以建成正常的、变异的和病理解剖标本库，这对医学生、医生的学习和再学习，以及对面向社会大众的科普均具有重要意义。

第二节　聚酯树脂技术

生物塑化技术是用可固化聚合物取代生物组织中的水和脂质分子的过程。塑化切片是为保存人体切片而开发的，并在过去十余年中被用作教学和科研的工具。P35 技术、P40 技术、P45 技术是使用聚酯树脂共聚体作为浸渗材料的塑化切片制作方法。P35 技术、P40 技术是由冯·哈根斯发明的。随后，隋鸿锦教授于 2003 年发明了采用聚酯共聚体作为浸渗物的 P45 技术，并于 2006 年获得国家技术发明专利。该技术以半透明的薄层切片，原位、清晰地显示了切片内部的解剖结构，尤其是纤维性结构，是塑化切片技术的本质变革。上述几种塑化切片技术均采用在两层玻璃板之间进行真空浸渗及固化的方法进行，制作方法是相似的，而区别是，P35 及 P40 采用的是平板箱技术，P45 技术采用的是垂直开放式玻璃板箱技术。此外，几种方法在固化过程中还存在区别，P45 技术采用温水进行固化，与另外几种技术不同。下面分别介绍改良的 P45 技术、P35 技术、P40 技术的操作步骤。

一、P45 技术

P45 技术是一种聚酯树脂共聚体塑化切片技术，是断层塑化标本制作的本质变革。P45 断层塑化标本为半透明的薄层切片，原位、清晰地显示了切片内部的解剖结构尤其是纤维性结构。P45 技术完成了断层塑化标本与 CT 断层扫描和磁共振断层扫描的有机统一，实现了生命科学研究的"死""活"结合。另外，把阅片灯下数码相机拍照观察和体视显微镜透射光源下拍摄观察结合起来，观察和研究 P45 断层塑化标本，能够实现断层塑化标本研究宏观与微观的统一和二维与三维的统一。这是 P45 断层塑化标本的又一显著特点和技术优势。

P45 技术的操作流程如下。

1. 标本选择

新鲜或福尔马林固定的标本均可进行 P45 断层塑化切片制作。

2. 标本清理

清理标本，去除标本表面的所有不良因素，如修剪毛发等。

3. 冷冻

根据标本体积的大小，将标本冷冻于 -70℃ 超低温冰柜内并保存 2～14 天。

4. 聚氨酯包埋剂包埋

选择合适的木质或者金属盒，外面用塑料板包裹以抵抗聚氨酯包埋剂。将标本置入盒子内的中间位置，使其周围留有一定的空隙。根据所要进行的切割类型将标本位置摆放正确，如冠状位、矢状位或水平切等，并标记切割线。将聚氨酯包埋剂混合物倒入盒子内标本的周围，随后聚氨酯将上升、发泡并固化。包埋好的标本，修剪木箱/金属箱上口多余的聚氨酯，即可准备进行切割。

5. 标本切割

设置切片/切割机的切割导止点，然后使用厚度、锯齿大小和间距适当的带锯将标本切割成厚度为 2～3mm 的切片，因切割造成相邻切片的组织碎屑丢失损耗厚度约为 1mm。

6. 清洗切片

将切割好的切片放置在铺有棉布的耐丙酮聚乙烯格栅上，用细小的流水缓慢冲洗切片或使用钝刀轻轻刮除切片表面的锯屑。将载有切片的格栅叠加在一起，并将一组连续切片用绳捆绑成一个单元。把切片罗列成尽可能小且轻便的单元以利于在脱水过程中方便转移。

7. 固定和漂白

此步骤为非必需步骤。将切片置于 10% 福尔马林中，室温浸泡 1 周或 2 周。在切片完全固定后，采用冷水或者普通自来水流水冲洗切片过夜，以清除切片组织内残留的福尔马林。然后将切片浸入 5%双氧水（漂白剂）中过夜，以提高组织的颜色亮度和透明度。随后，流水冲洗切片 1h 或更长时间，以去除切片组织内残留的双氧水。

8. 切片预冷

将切片初步预冷至 5℃，以防止组织内产生冰晶，并且尽量减少在其置入低温丙酮溶液时产生收缩。

9. 低温置换法进行脱水脱脂

梯度 100%丙酮溶液脱水脱脂：首先将切片置入-25℃的 100%丙酮溶液中 1 周；然后，将切片单元转移到-15℃的 100%丙酮溶液中 1 周；最后，将切片转移到 100%的室温丙酮溶液中 1 周。

每天使用丙酮浓度计监测丙酮溶液浓度，当丙酮溶液的浓度连续 3 天保持稳定，即可将切片移至下一个丙酮溶液中。

如需达到更好的透明效果，可将进行脱水的切片置入亚甲基氯化物（二氯甲烷）中并每天监测，直到脱脂完成。

10. 制作垂直玻璃板箱

垂直玻璃板箱为 2 块钢化玻璃中间衬以密封材料形成的一个上端开放、其他三面密封的扁平垂直空间。此垂直玻璃板箱由两块 5mm 厚的钢化玻璃板、4mm 粗的柔软乳胶管和几个大燕尾夹组成。乳胶管绕着钢化玻璃板的边缘（上缘除外）夹在两块钢化玻璃板之间。使用燕尾夹在底部和两侧围绕玻璃板周围将玻璃板和乳胶管夹紧（图 6-3）。

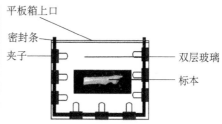

图 6-3 垂直玻璃板箱

11. 制备 P45 聚酯树脂混合物

浸渗所用 P45 聚酯树脂混合物的制备如下：1000mL P45 树脂（Hoffen 聚

酯树脂，中国）与 10g P45A、30mL P45B 和 5g P45C 混合。P45A 和 P45C 分别是增塑剂和催化剂，P45B 是固化剂。由于 P45 树脂会随时间推移而变黏稠，因此 P45 树脂的混合应在制作垂直包埋箱前完成。将 P45 树脂冷藏可以延缓其增稠，因此可冷藏储存混合好的 P45 树脂以备用。

12. 切片真空浸渗

将切片从丙酮溶液中取出并移入垂直玻璃板箱中，随后使用定制的漏斗将混合好的 P45 聚酯树脂混合物灌入垂直玻璃板箱中。可用 1mm 细的不锈钢丝将垂直玻璃板箱中的气泡手动清除。随后，将上述开放的垂直玻璃板箱垂直放入常温真空箱中进行真空浸渗。

将真空箱的绝对压力逐渐降低至 0mmHg，气泡缓慢从组织切片中释放出来，并维持该压力至垂直包埋箱 Hoffen P45 树脂中不再出现气泡为止。在此步骤过程中，可透过真空箱的透明玻璃盖监测发生的鼓泡活动。整个真空浸渗用时约为 8h。

13. 固化

浸渗完成后，将真空箱的压力释放。打开真空箱，将垂直玻璃板箱移至固化箱内。检查垂直玻璃板箱中的断层切片，采用 1mm 细的不锈钢丝对错位结构加以修正、复位并清除残留气泡。固化箱为一个 40℃的恒温水浴箱（图 6-4），水是热的良导体，水浴箱自带一个小型循环泵，可以平衡水浴箱中的水温。垂直玻璃板箱在水浴箱内需经过 3 天完成固化。

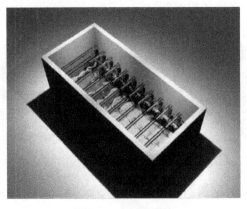

图 6-4　水浴固化箱

14. 修整及保存

固化完成后，从水浴固化箱中取出垂直玻璃板箱，在室温下自然冷却。去掉燕尾夹、乳胶管，拆开垂直玻璃板箱，取出 P45 断层塑化切片并将其用塑料片或薄膜包裹以防止表面划伤。采用曲线锯去除 P45 断层塑化切片周围多余的树脂，使 P45 断层塑化切片获得理想的形状，而后用羊毛轮将切片边缘打磨光滑。将打磨之后的切片包裹在新的塑料片或薄膜中，以避免在切片表面上产生刮擦，P45 断层塑化切片制备即完成，可供下一步使用或储存。

P45 技术实现了断层塑化标本制作与研究的划时代的革新，实现了标本与影像的统一、宏观与微观的统一和二维与三维的统一，为临床应用解剖学提供了崭新的研究方法，开启了临床解剖学及巨微解剖学研究的新时代（图 6-5～图 6-7）。

图 6-5　海豚标本 P45 断层塑化切片

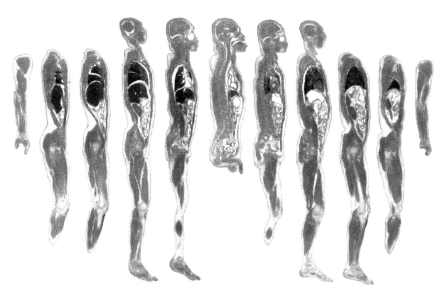

图 6-6　人整体连续矢状面 P45 断层塑化切片标本（文后附彩图）

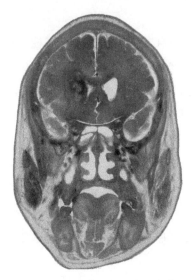

图 6-7　人头部冠状面 P45 断层塑化切片

二、P35 技术

20 世纪 80 年代末，Biodur™ P35 树脂被开发用于制作 4～8mm 厚的脑切片（图 6-8 和图 6-9）。Biodur™ P35 脑切片在很长一段时间里是脑切片生产的金标准。

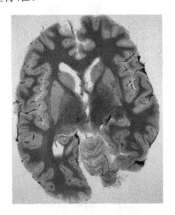

图 6-8　脑水平面 P35 断层塑化切片

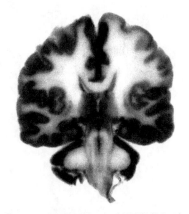

图 6-9　脑冠状面 P35 断层塑化切片

常规的断层塑化切片制作程序包括标本准备、低温丙酮脱水脱脂、浸渗和固化等。

使用的设备主要有切片机、格栅/标本篮、低温冰箱、丙酮浓度计、耐丙酮的储存箱/池、带透明盖的真空箱、真空泵、真空管和细调针阀、真空计、本纳特（Bennert）水银或数字压力计、紫外线 A 段（UVA）灯、3～5mm 厚钢化玻璃、2mm 厚普通玻璃、硅橡胶管、5～9cm 厚的间隔、大燕尾夹、1mm 粗顶端带钩的铁丝。所用试剂主要有丙酮溶液、P35 聚酯树脂、A9 催化剂。

P35 技术的操作流程如下。

1. 标本准备

新鲜脑标本（用 10%福尔马林固定 3～6 周）。如要获得最佳固定效果，应采用福尔马林灌注的方法进行固定。

2. 大脑包埋

为进行大脑定位，应确保获得准确的横向、水平或冠状切片，并将切片的各个部分作为一个单一单元，可将大脑置入 20%明胶中包埋，然后切片。

3. 标本切片

确定好脑的切割方向后，首先用一把大的脑刀沿上纵裂将大脑一分为二。其中一半置入冷水中备用，另一半置入切片机中进行切片。

将脑标本切为所需要厚度（4mm、6mm 或 8mm）的切片，这一厚度的切片有助于后期脑组织 P35 塑化切片的获得。

4. 捆绑切片格栅

将切好的脑组织切片使用流水清洗，然后将其放置在耐丙酮的金属或塑料格栅上。将载有切片的格栅堆叠成一个单元，随后将其进行水浴。载有同一标本的切片应捆绑牢固并置入格栅篮内，方便在丙酮脱水、树脂浸渗时移动。

5. 冲洗切片，去除固定液

使用冷的流水清洗格栅篮过夜，以去除切片内残留的福尔马林，冲洗时间最长可延长至 2 天。

6. 切片预冷

将清洗后的标本置入新鲜淡水内，预冷至 4℃。

7. 标本脱水

将标本从冷水中取出，沥干，将切片以一稍微倾斜的角度浸入第一个−25℃的 100%丙酮溶液槽中，待完全浸入后轻微振动切片，以助于排出气泡。制作脑标本所需的丙酮溶液体积约为 25L。其中，在第一个丙酮溶液槽中需要浸渗2天。2 天后，将格栅篮移入第二个同样体积的−25℃的 100%丙酮溶液槽中继续浸渗 2 天。脱水后的脑切片变脆，容易折断，需要小心处理。

搅拌丙酮溶液并使用丙酮浓度计对其浓度进行检测，丙酮溶液的温度必须与丙酮浓度计的工作温度相匹配（+20℃、+15℃或−10℃），因此浓度检测前需要将待检丙酮溶液取样后升温或降温至检测温度。如果丙酮溶液浓度高于98%，则可认为标本脱水完成。如果丙酮溶液中含超过 2%的水分，则需要将标本继续在第三个丙酮溶液槽中进一步脱水，直至脱水完成。

由于脱脂会造成脑组织切片明显缩小，因此脑组织切片不进行脱脂。

8. 浸渗用树脂混合物制备

将 P35 与 A9 以 100∶2 的配比进行充分混合。

9. 标本浸渗

将脑切片移入树脂混合物中进行浸渗。浸渗过程可在−15℃或+4℃低温冰箱或者室温下进行。

（1）第一天将载有切片的格栅篮浸入 P35/A9 混合物中 1 天。注意需要对浸渗箱进行遮光，以防止树脂混合物固化（紫外线是该混合物固化的催化剂）。此步骤的树脂混合物不可重复利用。

（2）第二天将载有切片的格栅篮移入第 2 个树脂混合物（配法同上）继续浸渗 1 天。此步骤的树脂混合物可用于后续切片的浸渗。

（3）第三天将载有切片的格栅篮移入第 3 个树脂混合物（配法同上）继续浸渗，当切片在树脂混合物中浸渗过程达到平衡后即可开始真空浸渗。

10. 真空浸渗

此步骤的树脂混合物同上（P35 与 A9 的配比为 100∶2）。

将标本置入树脂混合物中，提前打开真空泵预热数分钟，真空泵变暖后，将树脂混合物及其内的切片标本一起置入真空箱中（室温或低温均可）开始进行抽真空。在此过程中，需要保持真空箱避光。丙酮的蒸气压比较高，随着真空箱内压力下降，丙酮从切片组织的间隙溢出/沸腾，聚酯树脂进入组织间隙内。在此过程中，有必要实时调整浸渗速率，将浸渗沸腾率控制在合适范围（快速沸腾）。在浸渗过程中，必须密切观察树脂混合物的液面，在低温下真空浸渗 24～30h。如果液面下降、切片标本顶部暴露或压强逐渐降到 10～12mmHg，则必须加入更多的树脂混合物。由于树脂混合物内含有苯乙烯，因此在操作过程中必须遵守上述压力下限，以防止发生苯乙烯的萃取。当气泡产生大大减少时，即便气泡可能没有完全停止产生，也可认为真空浸渗接近完成。需要注意的是，此步骤的浸渗液可作为下一组切片的二次浸渗液。浸渗完成后，将真空箱压力释放并恢复大气压，取出载有切片的格栅篮并保持避光。

11. 固化

1）固化用平板箱的准备

固化用平板箱由四块尺寸合适的玻璃组成，其中两块为钢化玻璃（厚 3～5mm），两块为普通玻璃（厚 2mm）。玻璃尺寸为 35cm×45cm，适合人脑切片制作。放置切片的格栅篮尺寸要小于玻璃板。平板箱的顶与底的外层均为钢化玻璃，内层附以普通玻璃，这一双层玻璃更稳定，以防止树脂外泄，玻璃板的底端用两个稍小的夹子固定。

2）切片标本放入平板箱

先将一组玻璃板朝上放置于装配架上，从真空箱内的树脂混合物中取出一片切片及其格栅篮，让表面的多余树脂混合物短暂流下，将切片放置在位于装配架上的玻璃板组合上。将 4～6mm 粗的硅橡胶管放置在玻璃板底边内侧 2cm 处，以玻璃板底部中心为界将硅橡胶管分为 2/3 和 1/3 两部分，硅橡胶管长度将足够围绕玻璃板四周并最终将玻璃板四周全部封闭。随后，将硅橡胶管的两端继续沿着玻璃板侧面内侧 2cm 摆放好，在玻璃板顶部放置 6mm 的垫片。接下来，将第二组玻璃板放置在切片上，垫片、硅橡胶管和玻璃朝向标本，从而形成腔室。拆下之前夹在玻璃板上的小燕尾夹，使用大燕尾夹夹紧两组玻璃板、垫片和硅橡胶管，仔细调整燕尾夹和垫片，确保密封良好。此时，玻璃板箱的顶部保持开放，多余的备用垫圈垂在两侧，其余三面的玻璃板和垫圈夹紧密封，以便于进一步对平板箱进行处理。将已经夹紧的燕尾夹手柄向上折叠贴在玻璃板外面，玻璃板箱开口向上微微倾斜放置。向含有切片的平板玻璃箱注满新制的 P35/A9 混合物,填充一个标准体积的玻璃板箱大约需要 700mL P35/A9 混合物。使用扁平漏斗向玻璃板箱内填充 P35/A9 混合物,扁平漏斗由剪开的一个塑料套筒或剪掉一角的扁平塑料袋制成。在倒入 P35/A9 混合物的过程中,可能进入气泡。允许气泡向上溢出液面,在玻璃板箱顶部插入木楔子,以分开玻璃板箱,便于气泡上升。使用 1mm 直径的细铁丝挑破表面的气泡,缓慢地从一边向另一边倾斜,可以协助受困的气泡上升。检查平板箱两侧的气泡已排除干净,使用铁丝将切片调整到玻璃板箱中间。拆下木楔子,用剩余的硅橡胶管和燕尾夹封闭玻璃板箱顶部。

3)固化

(1)光固化。平板箱制作完成后,将其暴露在 UVA 光源下进行固化。曝光时间根据紫外线的距离和设备瓦数(常用的 UVA 灯管为 40W)设置为 45min。平板箱的上方和下方 35cm 处各放置 2 个 UVA 灯。固化时将燕尾夹的手柄反折与玻璃分开,以免影响树脂固化。使用通风机(风扇)或者向平板箱吹压缩空气为平板箱的两侧降温。由于 UVA 灯发热,因此为平板箱降温非常重要,否则高温将损坏标本。为防止在光固化的过程中 P35 切片及玻璃板破裂,建议使用低瓦数长波紫外线灯。

(2)高温固化。光固化后,将平板箱放在通风良好的 40℃烤箱中,持续 4~5 天。在此过程中,燕尾夹的手柄可折叠贴在玻璃板上,以节省烤箱空间。加热后,使切片深处的树脂也完成固化,第 4 天结束时关闭烤箱,自然冷却 24h。第 5 天,将切片从烤箱内取出完成冷却。在冷却过程中,树脂与平板箱分离时可能发出开裂的声音。冷却完成后,拆开平板箱,从顶部开始拆下燕尾夹、硅橡胶管和成对的玻璃板,然后移除剩余的一组玻璃底板。有时,玻璃板与切片不会自行脱离,可在切片的多个边使用手术刀尖沿着切片与玻璃紧贴的位置多次划刻,以帮助玻璃板与切片分开。

取出切片,用薄膜包裹切片,以防止任何未固化的树脂和碎片与切片表面接触。

12. 完成

固化完成后,使用带锯切掉多余的树脂将切片修整为需要的形状,使用砂纸或布砂带打磨边缘,使用洗碗机或热水及洗涤剂清理格栅篮和玻璃板。

三、P40 技术

P40 聚酯树脂是在 20 世纪 90 年代中期作为一个相对复杂的工艺而引进的（图 6-10）。

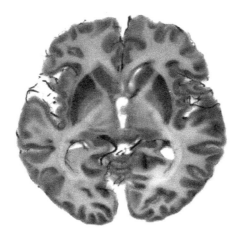

图 6-10　脑矢状面 P40 塑化切片

图片由奥地利维也纳医科大学 M. C. Sora 教授友情提供

1. 设备及用品准备

带锯、耐丙酮的金属/塑料网格或标本篮。

2. 标本准备

首选新鲜标本，修剪、清洁标本表面的毛发及其他残留物。

3. 固定

将标本置入 10%福尔马林中固定 2 个月。

4. 冲洗

使用自来水冲洗 1～2 天，彻底清除标本残余福尔马林固定液。

5. 冷冻

将标本置入低温冰箱冷冻 2 天。

6. 切割

确定标本的切割平面，将标本的末端平面修理平整。

使用带锯将标本切为 2~3mm 厚的切片，切割会损耗 1mm。将切片放置于耐丙酮的金属/塑料网格中。

用冰块冷却锯台，可以防止标本和切片过早解冻。

7. 清洗切片

流水缓慢冲洗切片，并用刀片仔细刮除切片表面的锯屑。应避免切片标本解冻，尤其是未固定的脑组织切片。

8. 切片预冷

将网格及切片保存于 5℃蒸馏水中预冷，过夜。

9. 脱水

将含有切片的网格放入第一个-25℃的 100%丙酮溶液槽中，3 天后将网格及切片移入第二个-25℃的 100%丙酮溶液槽中，2~3 天后，测量丙酮溶液浓度。如果丙酮溶液浓度高于 98%，则视为脱水完成。如果丙酮溶液浓度低于 98%，则需要将切片移入第三个 100%丙酮溶液槽中继续进行脱水。

10. 脱脂

将完成脱水的切片从低温丙酮溶液槽中移至室温丙酮溶液中，1~3 周完成脱脂。通过观察脂肪颜色和丙酮溶液颜色来监测脱脂程度。当丙酮溶液颜色严重变黄时，需要更换新的丙酮溶液。当脱脂接近完成时，脂肪会从白色变为不透明。如果需要更高的透明度，可以将标本放入二氯甲烷中1~2 天。

对人体切片进行脱脂是获得最佳组织分辨率的关键，但是脑组织不宜进行脱脂。脱脂会引起脑组织过度皱缩。

11. 浸渗设备准备

带透明盖的真空箱、真空泵、真空管和细调针阀、真空计、水银或数字压力计、标本篮、P40 聚酯树脂。

12. P40 聚酯树脂

将 P40 聚酯树脂加入 1%~2% A4 催化剂，也可以为不含催化剂的 P40 聚酯树脂。

13. **浸渗**

将含有切片的网格放入室温浸渗槽中的 P40 聚酯树脂内。浸渗槽必须避光，因为光是 P40 聚酯树脂的催化剂，可以使其发生固化。将浸渗槽置入真空箱内进行真空浸渗。真空浸渗可以在切片放入 P40 聚酯树脂后立即开始，也可以将切片放入 P40 聚酯树脂内过夜，待 P40 聚酯树脂浸渗达到平衡后再开始真空浸渗。

真空箱避光，在室温或冷却至 5℃进行真空浸渗，并在 2mmHg 压力下进行 12h 浸渗。

14. **固化**

将切片置于平板箱中，使用 UVA 灯照射 3h 完成固化。

第三节　环氧树脂技术

环氧树脂技术（E12 技术）是国外常用的断层解剖学研究塑化方法。该技术采用环氧树脂作为包埋剂，切片薄，透明度高（图 6-11），但操作比较复杂，设备要求比较高。

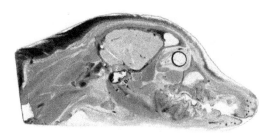

图 6-11　犬头部矢状切环氧树脂标本

图片由奥地利维也纳医科大学 M. C. Sora 教授友情提供

1. **包埋和切片**

标本经福尔马林固定后，将标本摆放为准备切片体位，用聚氨酯泡沫包埋剂（二异氰酸酯、多元醇和活化剂按照 1:1 的比例配制）包埋。包埋后，先将标本置于 5℃冰柜预冷，后速置于−80℃冰柜冷冻数天。

使用大型带锯切片（切片厚度 1.5～4.0mm），有条件的也可以使用金刚石锯。金刚石锯可以用来切含有金属和烤瓷物质的标本，并且标本也不需要进行脱钙处理，切片厚度为 0.4～0.5mm。切片前 2h 可用液氮预冷带锯。切片后，立即将切片置于−25℃丙酮溶液中清洗锯末，并迅速进行脱水处理。

切片过程中产生的组织锯耗取决于带锯的厚度，锯耗从 0.4mm 到 2mm 不等。

2. 脱水脱脂

切片标本需经过脱水处理。一般推荐将切片标本置于−25℃的 100%丙酮溶液中脱水数周。切片与丙酮溶液体积比为 1∶10，每天搅动丙酮溶液一次，以提高丙酮的脱水速率。当丙酮溶液含水量超过 1%时需换液，一般需换液 3 次。脱水完成的标准是脱水丙酮溶液的浓度十分接近 100%丙酮溶液的浓度，即达到完全脱水的状态。脱水时间与切片厚度相关，切片越薄，脱水时间越短。

为了保证切片标本的透明度，还需要将标本充分脱脂。脱水后，将切片标本置于 100%丙酮溶液中室温脱脂数日。丙酮在室温中的脱脂效果更好，但一般需保证脱脂温度在 15～24℃。脱脂越彻底，切片标本的透明度越高。在脱脂过程中，丙酮进入标本，脂肪溶解，溶液会泛黄，此时即需要换液，一般也需要换液 3 次。

如果用梯度酒精脱水的话，切片标本的透明度会更高，因为室温酒精的脱脂效果优于室温丙酮。但是在真空浸渗前，需要用丙酮彻底置换酒精。

3. 真空浸渗

真空浸渗是最关键的步骤。在真空浸渗过程中，丙酮从细胞及组织间隙中析出，塑化剂浸入切片组织中，需将压力从 760mmHg 逐渐降低压力至 30mmHg，真空浸渗温度保持在 20～22℃。真空浸渗时间取决于标本的厚度、密度和数量。随着压力降低，丙酮和溶剂内的空气和水汽会以气泡的形式析出，需控制好压力以使气泡均匀冒出，不宜过快，否则会影响浸渗的质量。当达到 30mmHg 或低于 30mmHg 时，气泡停止或者只有少数上升到塑化剂的表面时，即代表真空浸渗完成。

真空浸渗用的塑化剂由环氧树脂、氨类氧化剂和催化剂组成，常用配方为：环氧树脂（EP-12）100 份（质量份数）、硬化剂（E1）28 份（质量份数）、催化剂（E 1010）20 份（质量份数）。配置时，可将塑化剂稀释，以便适当延长切片标本的处理时间，可使标本更具弹性和有更好的柔软度。

将环氧树脂（EP-12）加入硬化剂（E1），搅动 5min 左右充分混合后，真空去除气泡，处理时间最长不超过 20h。塑化剂的胶化时间为 24h 左右（以 650g 聚合物、20℃为例）。

塑化剂的配方还可为环氧树脂（EP-12）100 份（质量份数）、硬化剂（E6）30～50 份（质量份数，根据标本的软硬度而定）、催化剂（E600）5 份。

4. 固化与裱片

固化混合液的配方为：环氧树脂（EP-12）100 份（质量份数）、硬化剂（E1）28 份（质量份数）。

（1）三明治裱片法。在室温下进行固化，取一张玻璃板，在玻璃板上盖一张塑料片，再在塑料片上倒适量的固化混合液。将切片放于塑料片上，在切片表面倒上适量的固化混合液，再用塑料片覆盖在切片上，用压舌板将切片表面的气泡赶净，一层一层进行操作。裱片结束后，用压块压在最上层的玻璃板上，在室温下放置一天，然后移至 45℃烤箱内固化 3 天。固化结束后，用线锯、磨片机修整切片。

（2）平板箱裱片法。切片标本要一个一个地叠放，切片标本中间用塑料片分割。之后，所有切片标本的最下面和最上面用玻璃板覆盖。将所有切片标本同时固化，固化温度为 30～65℃。

（编写者：于胜波　张健飞　郑　楠　隋鸿锦）

本章参考文献

白剑，高海斌，刘杰，等. 2010. Hoffen P45 生物塑化技术在断层标本制作中的应用. 中国临床解剖学杂志，28（1）：107-108.

Barnett R J. 1997. Plastination of coronal and horizontal brain slices using the P40 technique. J Int Soc Plastination，12（1）：33-36.

Barnctt R J，Burland G，Duxson M. 2005. Plastination of coronal slices of brains from cadavers using the P35 technique. J Int Soc Plastination，20：16-19.

de Jong K，Henry R W. 2007. Silicone plastination of biological tissue: cold temperature technique biodur™ S10/S15 technique and products. J Int Soc Plastination，20: 36-37.

Gao H B，Liu J，Yu S B，et al. 2006. A new polyester technique for sheet plastination. J Int Soc Plastination，21: 7-10.

Henry R W. 2005. Silicone impregnation and curing. J Int Soc Plastination，20: 36-37.

Henry R W. 2005. Vacuum and vacuum monitoring during silicone plastination. J Int Soc Plastination，20: 37.

Henry R W，Latorre R. 2007. Polyester plastination of biological tissue: P40 technique for brain slices. J Int Soc Plastination，22: 59-69.

Latorre R，Henry R W. 2007. Polyester plastination of biological tissue: P40 technique for body slices. J Int Soc Plastination，22: 69-77.

Ottone N E，Baptista C A C，Latorre R，et al. 2018. E12 sheet plastination: techniques and applications. Clin Anat，31: 742-756.

Raoof A. 2001. Using a room-temperature plastination technique in assessing prenatal changes in the human spinal cord. J Int Soc Plastination，12: 5-8.

Raoof A，Henry R W，Reed R B. 2007. Silicone plastination of biological tissue: room temperature technique dow™/corcoran technique and products. J Int Soc Plastination，22: 21-25.

Sora M C. 2016. The general protocal for the S10 technique. Res Clin Med，1: 14-18.

Sora M C，Brugger P，Traxler H. 1999. P40 plastination of human brain slices: comparison between different immersion and impregnation conditions. J Int Soc Plastination，14(1): 22-24.

Sui H J，Henry R W. 2007. Polyester plastination of biological tissue: Hoffen P45 technique. J Int Soc Plastination，22: 78-81.

von Hagens G. 1979a. Emulsifying resins for plastination. Der Praparator，25 (2): 43-50.

von Hagens G. 1979b. Impregnation of soft biological specimens with thermosetting resines and elastomers. Anat Rec，194: 43-50.

von Hagens G，Tiedemann K，Kriz W. 1987. The current potential of plastination. Anat Embryol，175 (4): 411-421.

Weber W，Henry R W. 1992. Sheet plastination of the brain-P35 technique，filling method. J Int Soc Plastination，6（1）：29-32.

Weiglein A H. 1996. Preparing and using S10 and P35 brain slices. J Int Soc Plastination，10（1）：22-25.

Wever W，Weiglein A，Latorre R，et al. 2007. Polyester plastination of biological tissue：P35 technique. J Int Soc Plastination，22：50-58.

Zheng N，Chung B S，Li Y L，et al. 2020. The myodural bridge complex defined as a new functional structure. Surg Radiol Anat，42（2）：143-153.

Üzel M，Weiglein A H. 2013. P35 plastination：experiences with delayed impregnation. J Plastination，25（1）：9-11.

后　记

2020 年的春节，一场突如其来的疫情改变了中华大地的喜庆气氛。因为防疫的需要，大家都需要居家。没有了往年充满喜庆的串门拜年，也没有了热热闹闹的聚会和聚餐，春节假期也一再延长。这段期盼着"纸船明烛照天烧"的"送瘟神"时间，也给各位编者带来了梦想已久的大段大段不受干扰的"空闲"时间。利用这段时间，经过各位编者的苦心编纂，《生物塑化技术》一书终于可以交稿了。

早在 2005 年，我就列出了《生物塑化技术》一书的编写提纲，这是国内首部关于生物塑化技术的专著。书中不仅介绍了生物塑化技术的基本要求和操作步骤，也介绍了相关的化学和机械设备的基础知识，既有理论知识又有实际操作经验，其中很多技术细节也是首次公开。由于缺少国外相关专著的参考，因此本书的编写写写停停，不断地调整和修改，拖延至今。最后终于在这个特殊时期圆满完成了。这也算是防疫期间的一大收获吧，也是对这次终生难忘的新型冠状病毒肺炎疫情防疫的一个纪念。

本书付梓之后，我感到夙愿得以实现，如释重负，多年来的压力一下子减轻了，内心喜悦不可言表。又得到钟世镇院士亲笔作序，备受鼓舞。"千淘万漉虽辛苦，吹尽狂沙始到金"，这大概就是读书人所追求的人生之快事吧！

本书由大连市人民政府资助出版，特此致谢！

感谢科学出版社的领导和编辑对本书的大力支持与鼓励！朱萍萍编辑在疫情隔离期间坚持紧张的案头工作，加快了本书的出版，特此致谢！

隋鸿锦

2020 年 2 月 10 日（农历庚子年正月十七）

彩 图

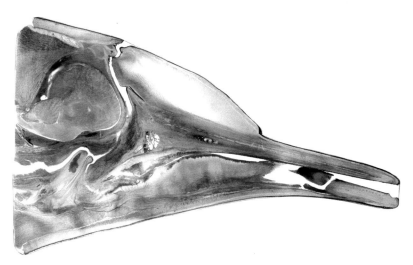

断层塑化技术制作的海豚头部矢状切标本

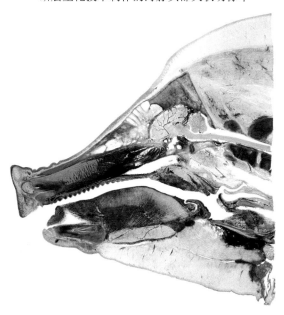

断层塑化技术制作的猪头部矢状切标本

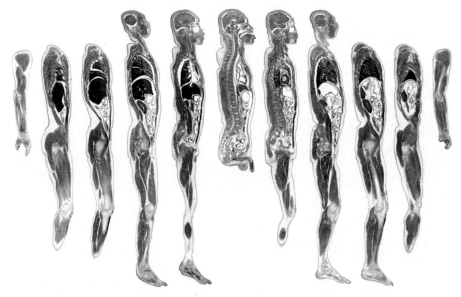

人整体连续矢状面 P45 断层塑化切片标本（文中图 6-6）

怀孕鲨鱼断层塑化切片标本

硅橡胶技术制作的蟒蛇标本

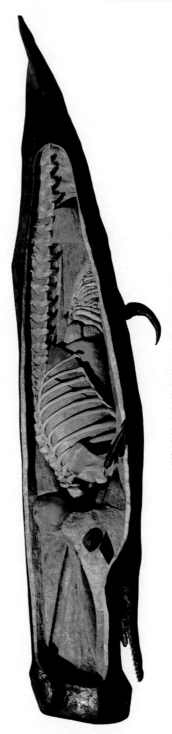

硅橡胶技术制作的抹香鲸标本的内脏面

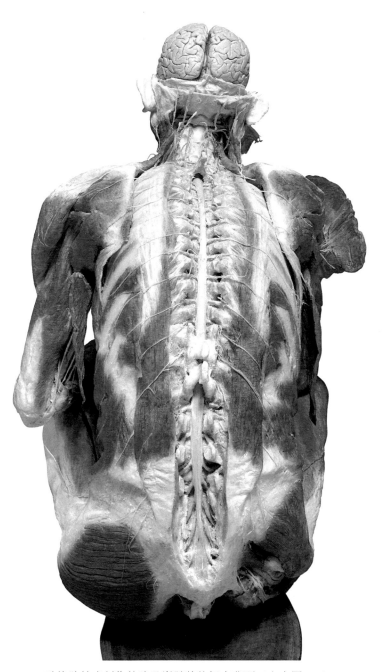

硅橡胶技术制作的脑及脊髓整体标本背面（文中图 1-3）

硅橡胶技术制作的牛肌肉标本

硅橡胶技术制作的双髻鲨整体标本

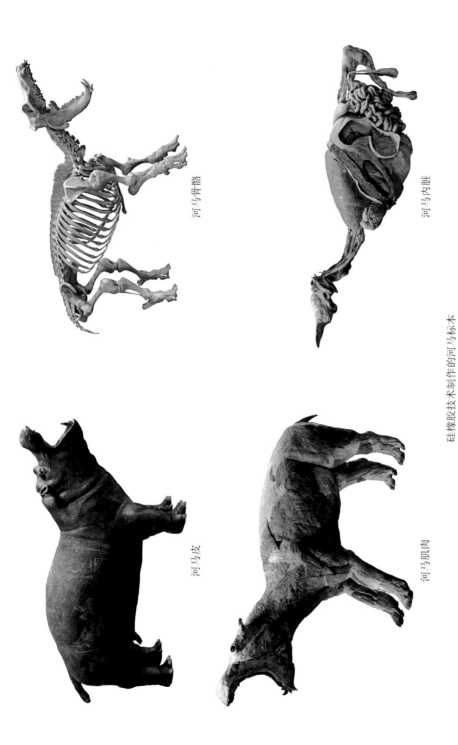

河马骨骼

河马内脏

河马皮

河马肌肉

硅橡胶技术制作的河马标本

用一头河马制作，分别展示河马的皮肤、骨骼、肌肉及内脏

之一

之二

之三

生命奥秘博物馆内景